생태관광인증제도

: 생태계 · 지역사회 · 관광사업자 모두를 위한 지속가능한 발전전략

생태관광인증제도

: 생태계 · 지역사회 · 관광사업자 모두를 위한
지속가능한 발전전략

강 미 희 著

한국학술정보㈜

이 논문은 2003년도 한국학술진흥재단의 지원에 의하여 연구되었음
(KRF-2003-037-B00129)

1994년 초반에 우연히 접한 생태관광은 지금까지 나의 책장 가득 관련 책을 쌓아놓고도 새로운 정보에 눈을 번뜩이게 하는 매력적이면서도 어렵기만 한 주제이다. 특히 어디에서 특강이나 글을 부탁해 올 때면 얼마나 난처한지 모른다. 한 주제를 가지고 10년이 훨씬 넘게 공부를 해 왔음에도 불구하고 선뜻 이것이다 하고 말하기에 주저됨이 많은 탓이다. 그래서 생태관광은 무수히 많은 정의를 낳았고 여전히 뜨거운 감자로 남아 있는지도 모르겠다.

많은 사람들이 생태관광에 관심을 갖는 이유는 생태관광이 가진 무엇인가가 특별하기 때문일 것이며, 실제로 그 특별함이 지역 발전 혹은 성공적인 관광개발이라는 이름으로 나타나고 있다. 그 가운데서 새로운 경험과 그에 따른 만족이 관광객에게 주어짐은 당연하다.

박사논문을 준비하면서 던진 질문은 '과연 생태관광은 다른가?' 하는 점이었다. 그래서 생태관광이 다르다면 생태관광에 참여하는 사람들도 다를 것이라는 전제를 두고 연구를 진행하였다. 결과는 당연히 생태관광도 생태관광객도 다르다는 것이었다.

문제는 해외에서 쏟아지는 생태관광의 성공사례가 우리나라에서는 참으로 찾기 어렵다는 점이다. 물론 브라질의 아마존 유역이나 호주의 광활한 열대우림과 우리나라의 자연은 주어진 자연조건부터 다르며, 그곳에서 생산되는 문화도 너무 다르다. 이처럼 서로가 처한 환경이 다르기 때문에 생태관광이 성공하고 혹은 실패(제자리걸음으로 표현하는 것이 낫겠다)하는 것인지도 모른다. 그러나 이 가설은 설득력이 낮다. 왜냐하면 우리와 비슷한 환경의 일본이 성공사례를 만들어 가고 있으며, 때로는 여러 면에서 우리보다 열등하다고 느껴지는 곳에서도 성공적인 생태관광 도입이 보고되기 때문이다.

생태관광을 성공으로 혹은 실패로 이끄는 결정적 요소는 그 나라가 혹은 그 지역이 가지고 있는 자연과 문화의 차이가 아니라 주어진 자연과 문화 환경을 대하는 개발과 관리의 접근방식 차이라는 것이 많은 연구와 실례를 통해 증명되고 있다.

이 책은 생태관광을 바라보는 시각적 차이와 적용한 방법론의 차이를 인증제도라는 측면에서 살펴보았다. 생태관광인증제도를 비롯한 다양한 친환경관광인증제도들은 정도의 차이는 있지만 기본적으로 개발의 주체인 지역사회나 관광기업이 환경에 민감하도록 또 서로 협력하도록 만든다. 공급자의 책임 있는 개발과 운영 관리 노력은 책임 있는 관광객이라는 꽃을 피우고 이어서 환경적으로 건전하고 지속가능한 관광개발이라는 열매를 맺게 되는 것이다.

이 책에 담긴 내용은 저자가 한국학술진흥재단의 지원으로 2004년 한 해 동안 호주 제임스쿡대학교(James Cook University)에서 박사후 과정을 하면서 연구한 내용 중 친환경인증제도와 관련된 부분을 모아서 정리한 것이다. 저자가 호주를 박사후과정 연구지로 선택한 이유는, 호주라는 나라가 생태관광의 성공요소를 충분히 설명해 줄 수 있는 다양한 조건을 갖춘 곳이라는 판단 때문이었으며, 실제로 호주의 사례는 많은 것을 가르쳐 주었다. 이 책은 생태관광을 비롯한 관광 전반에서 시행되는 다양한 친환경관광인증제도를 고찰하고 인증제도가 가진 편익과 문제점 그리고 생태관광 활성화와 지속가능성 확보에 인증제도가 어떻게 적용될 수 있는가의 문제를 다루면서 호주의 사례를 보다 자세히 고찰하였다.

　이 책은 생태관광인증제도에 대한 한정된 정보들만을 포함하고 있다. 그럼에도 불구하고 실제 개발의 주체가 되는 지역사회나 관광사업자 그리고 정부관계자에게 생태관광 개발의 방향성을 제시하는 나침반 역할을 할 수 있기를 기대한다. 그래서 가까운 시일에 우리나라에서도 우리에게 적합한 정책과 전략으로 만들어진 우수사례를 세계에 소개할 수 있기를 희망한다. 관련된 공부를 하는 학생들에게 이 책이 지식의 범위를 넓힐 수 있는 기회가 된다면 더없이 감사한 일일 것이다.

　책이라는 이름으로 만들어 내기 위해 그간의 자료들을 통합하고 정리하느라 많은 시간이 필요했다. 이 자리를 빌어 연구기회를 준 한국학술진행재단에 감사하며, 여러 가지 주제로 함께 연구하면서 도움을 주신 James Cook 대학의 Philip Pearce 교수님과 Gianna Moscardo 교수님께 감사드린다. 연구라는 이름으로 늘 바쁜 엄마를 이해하고 사랑해 주는 두 딸 혜령, 혜민에게 그리고 남편 박학준에게 다 표현할 수 없는 사랑을 이 책에 담아 전한다.

2007년 2월

강 미 희

▌contents ▌

▌표 차례▐

▎그림 차례▎

I. 서 론

20세기 후반을 뜨겁게 달군 중요한 단어 하나는 '지속가능한 개발[1]'(sustainable development)이다. 관광 분야에서도 예외는 아니다. 주류관광(mainstream tourism)이라 일컬어지는 대중관광(mass tourism)이 야기하는 많은 문제점들, 예컨대 자연환경 및 문화환경의 훼손, 사회적 구조 변화, 경제적 누수 등에 대한 지각과 비판은 자연과 문화의 보호는 물론 사회적 경제적 측면에서의 보호 역시 꾀할 수 있는 새로운 대안의 모색을 촉구하게 되었다. 이로써 다양한 형태의 대안적 관광(alternative tourism)이 등장하였는데, 녹색관광(green tourism), 자연관광(nature tourism), 연성관광(soft tourism), 책임 있는 관광(responsible tourism), 교육적 관광(educational tourism), 지역 기반관광(community-based tourism), 생태관광(ecotourism) 등이 모두 이 범주에 속한다고 볼 수 있다.

물론 대안관광이 대중관광의 대안으로 새롭게 등장한 개념은

---

1) 영어표현의 sustainable development를 번역함에 있어서 혹자는 '지속가능한 개발'로 혹자는 '지속가능한 발전'으로 달리 표현하고 있으며, 이 두 표현은 혼용해서 쓰이고 있다. '개발'은 양적인 성장을 의미하며 '발전'은 인간 삶의 질적인 차원을 의미하므로, 지속가능한 개발이 아닌 지속가능한 발전으로 번역 사용해야 한다는 주장(전경수, 1987: p.125~126)도 있다. 그러나 이 책에서는 어느 한쪽의 의미만을 채택한 것이 아닌 양과 질의 성장을 모두 내포하되 용어는 '지속가능한 개발'로 통일하여 사용하였다. 또 이때 지속가능한 개발은 '환경적으로 건전한'(environmentally sound)이라는 문구가 빠진 채 사용되었으나, 지속가능한 개발이라는 용어의 등장배경에 환경적 건전성 확보는 피할 수 없는 전제조건이므로 이 책에서는 생략하였다. 즉 '지속가능한 개발'은 '환경적으로 건전하고 지속가능한 개발'(environmentally sound & sustainable development, ESSD)을 의미한다.

아니다. 대안관광의 역사는 2천 년 전으로 거슬러 올라가는데
(Eadington and Smith, 1992), 우리가 일반적으로 언급하는 대안
관광은 대중관광의 부정적 영향을 지각하고 비판이 강해지기 시
작하던 1970년대 정도부터 대두된 보다 보전지향적인 새로운 형
태의 관광을 의미하는 경우가 많다. 대안관광은 다양한 국가 혹
은 지역적 배경과 개인 혹은 단체의 서로 다른 관심하에서 언급
되고 있으나, 전 세계적으로 동의되는 혹은 폭넓게 받아들여지는
정의는 없다(Pearce, 1992).

일반적으로 대안관광은 자연의 가치와 사회적 가치 그리고 지
역사회의 가치를 해치지 않으면서 주인(관광대상지 지역사회)과
손님(관광객) 모두 긍정적이고 가치 있는 상호 작용을 즐기고
경험을 나눌 수 있는 형태의 관광을 의미한다(Eadington and
Smith, 1992). 물론 부정적인 유형의 모든 관광에 대한 대안은
분명 아니다. 가장 최소의 수준에서 바람직한 또는 가장 바람직
하지 않은 유형의 관광에 대한 대안을 의미한다(Butler, 1992).
그리고 일반적으로는 주류관광인 대중관광에 대한 대안으로, 환
경적으로 더 친화적이며 문화적으로 부정적인 영향을 덜 야기하
는 관광을 말한다(Middleton and Hawkins, 1998).

이와 같은 배경에서 등장한 대안관광 중 가장 이목을 끄는 것
이 생태관광이다. UN은 2002년을 '세계 생태관광의 해'(the
International Year of Ecotourism, IYE)로 지정하였는데, 이는 생
태관광에 대한 세계적 관심과 기대를 보여주는 가장 좋은 예이다.
2002년에는 세계 생태관광의 해를 기념하는 다양한 행사가 세계

곳곳에서 개최되었는데, 당해 5월 캐나다 퀘벡 주 퀘벡시티
(Quebec City)에서 열린 생태관광총회에는 무려 1,300여 명의 관
련 학자와 전문가, 생태관광 종사자, 그리고 비정부단체들이 참여
하여 생태관광과 관련된 열띤 토론을 벌이고 지속가능관광 실현
을 위한 전략을 논의하였다.

　생태관광에 대한 관심이 증대된 데에는 자연과 문화의 훼손을
최소화하면서 보다 보전적인 이용을 추구하고자 하는 인식의 전
환이 이루어졌고 또 관광지와 관광경험에 대한 사람들의 선호가
변했다는 점 역시 영향을 미쳤다. 세계관광기구(World Tourism
Organization, WTO)는 지속적인 관광객 수 증가를 예측하면서
특히 생태관광에 참여하는 관광객의 비율이 일반 관광객 비율보
다 더 크게 증가할 것으로 전망하였다(WTO, 2001). 실제로 1990
년대 초 전체 관광은 매년 4%의 비율로 성장한 반면, 자연 지역
으로의 여행은 10~30%의 비율로 성장했으며, 1997년 아시아 태
평양 지역을 중심으로 한 연구에서도 자연 지역 여행자의 비율
이 매년 10~25% 증가하고 있는 것으로 보고된다(UNEP, 2000).
관광객의 선호 지역 역시 유럽에서 동남아시아와 태평양 지역으
로 변하고 있다. 이는 관광객의 선호가 선진화된 도시지역에서
덜 훼손된 혹은 잘 보전된 자연을 체험하고 감상할 수 있는 자
연 지역으로 변하고 있음을 보여주는 것이다. 실제 UNEP(2000)
의 보고서에 의하면, 지난 10년간 자연 지역을 방문하는 사람들
의 수가 급증했다.

　이미 발 빠른 국가들은 이런 국제적인 흐름을 활용해 자국의

관광자원을 홍보하고 동시에 지속가능한 개발의 전기를 마련하려는 시도를 하고 있다. 가깝게는 중국이 1999년을 '생태관광의 해'로 선포한 바 있고, 호주는 1990년대 초에 이미 「국가생태관광 전략보고서」를 수립하여 그 청사진에 따라 관광자원의 보호와 산업의 활성화를 도모하면서 명실 공히 세계적 흐름을 주도해 나가고 있다. 브라질과 코스타리카, 태국과 말레이시아, 세이셸과 남태평양의 섬 국가들 역시 국가차원에서 생태관광을 지원하고 있다.

우리나라는 1997년 유네스코가 개최한 생태관광 세미나를 시작으로 많은 지방정부와 민간단체들이 관심을 보이고 있다. 중앙정부 차원에서도 환경부나 해양수산부를 중심으로 생태관광과 관련된 움직임을 찾아볼 수 있다. 먼저 환경부에서 '자원유형별 생태관광 추진전략'에 대한 프로젝트(환경부, 2000)와 '생태관광 지침과 활성화 방안' 연구프로젝트(환경부, 2002)를 수행하여 생태관광의 도입과 관련된 구체적인 절차와 인증제도에 대해 검토한 바 있다. 해양수산부에서도 갯벌 지역을 보전하고 경제적 편익을 증대시키기 위한 도구로써 일련의 생태관광 연구프로젝트(해양수산부, 2000; 2001)를 수행하였다. 또 「자연환경보전법」을 비롯한 관련법의 개정 등을 통해 생태관광 개발과 지원의 법적 근거 역시 마련되고 있다. 이에 문화관광부를 비롯한 다양한 중앙부처에서 상대적으로 낙후된 지역의 생태관광 개발을 지원하고 있다.

지방정부나 마을 수준에서의 생태관광 도입 추진 역시 활발하

다. 양구군, 양평군, 함평군, 철원군 등의 지방자치단체와 금강나
포철새마을, 강화도 장화리, 제주 예래동 등의 마을 수준이 지역
혹은 마을 발전의 수단으로 생태관광을 채택하고 있다. 한편 가
장 최근에는 산림청 산하 국립산림과학원에서 제주시험림에 생
태관광 도입계획을 구체화하고 있는데, 이곳은 2006년 FSC
(Forest Stewardship Council)의 지속가능한 산림경영 인증[2])을
확보한 곳이다. 즉 다양한 산림경영을 유지하면서 환경적으로 지
속가능한 이용을 도모하기 위해서는 생태관광이 최적의 방안이
라는 데 동의한 것이다.

그러나 우리나라의 생태관광은 여전히 산적한 문제점을 안고
있다. 먼저 생태관광 개념에 대한 합의가 이뤄지지 않았다. 정부
와 학자, 민간단체와 업계 그리고 지역사회 간 명쾌한 개념의 합
의와 역할분담도 이끌어내지 못했다. 이뿐만 아니라 아직 실무적
으로 이렇다 할 성공사례도 제시하기 어려워 우리나라 생태관광

---

2) FSC란 산림관리협의회(Forest Stewardship Council)의 약자로 국제적인
비정부단체이며, 환경, 사회, 경제 등 모든 측면에서 적절한 산림관리를
각국이 추진하도록 조장함을 목적으로 하여 1993년 설립된 민간단체로,
미국에 본부를 두고 있다. 산림관리를 위한 "많은 생물이 사는 건전한 숲
유지" 등 10개 원칙과 56개 기준을 정하여, 환경·사회·경제적인 산림관리
를 위한 심사를 통해 산림경영인증(Forest Management Certification:
FM)을 하고 있다. 국제산림인증은 지난 1992년 개최된 유엔환경개발회
의(UNCED) 이후 세계적으로 지속가능한 산림경영을 촉진하기 위해 만
들어진 국제적인 산림인증시스템이다. 이 시스템을 통해 2006년 1월 현
재, 전 세계 65개 국가 775개 산림경영 단위에 6,829만 ha가 인증을 받았
다. 산림청 국립산림과학원 산하 제주난대산림연구소의 제주시험림(2741
ha)이 국제기준의 '지속가능한 산림경영(Sustainable Forest Management,
SFM)'을 위한 'FSC 국제산림인증'을 국내 최초로 취득했다.

의 방향성이 여전히 불투명한 상태이다. 이런 와중에 지금과 같은 상태로 생태관광 개발이 추진된다면, 많은 학자의 비판과 우려처럼 '무늬만 생태관광'이 될 가능성이 커지게 된다.

국토의 많은 부분이 산림인 우리나라의 자연조건을 감안할 때, 향후 관광개발은 환경적으로 건전하고 지속가능한 형태로 추진되어야 함이 당연하며, 이를 위한 실천적 전략이 필요하다. 생태관광을 최적의 실행전략으로 받아들인다면, 이를 성공적으로 도입하고 활성화할 수 있는 구체적인 개발전략이 필요하며, 전략수립을 위한 성공적인 모범사례의 검토가 요구된다. 호주의 경우, 생태관광 국가전략을 수립함과 동시에 바람직한 생태관광 개발과 운영관리를 보장하기 위한 평가지침을 마련하여 자연관광 및 생태관광 인증제도를 도입하였다. 인증제도는 사후평가만의 성격을 가진다기보다는 생태관광의 모든 단계에서 제대로 된 개발 운영 그리고 관리가 이루어지도록 유도하는 장치로 역할하게 된다.

본 책에서는 생태관광의 올바른 도입과 발전을 유도할 장치로서 인증제도를 논의한다. 생태관광이 과연 무엇을 의미하고 무엇을 추구하는가를 살펴보고, 이러한 가치와 원칙들이 어떻게 인증제도에 포함될 수 있는지를 여러 사례들을 통해 살펴본다. 그러나 우리 국토의 60% 이상이 산림이라 할지라도 모든 자연 지역에서 생태관광 도입이 가능한 것은 아니며, 또 경우에 따라서는 생태관광 도입이 적절하지 않은 곳도 있다. 바꾸어 말하면, 많은 사람들에게 다양한 시설과 프로그램으로 개방된 대중관광지도 있어야 하고, 다양한 선호를 수용한 대안관광지도 있어야 하며,

보전 지향적이며 제한적인 생태관광도 있어야 한다는 것이다. 그러나 이들 서로 다른 관광들이 추구해야 하는 한 가지 목표는 환경적으로 건전하고 지속가능한 개발이다.

따라서 여기에서는 생태관광인증제도뿐만 아니라 다양한 친환경관광인증제도도 함께 다루고 있다. 인증과 에코라벨의 개념에서부터 개발과 시행의 과정 그리고 다양한 유형의 친환경관광인증제도를 소개한다. 또 세계적으로 생태관광 흐름을 주도하고 있는 호주의 사례를 보다 면밀히 분석함으로써, 우리나라 생태관광 활성화를 위한 전략을 논의한다.

Ⅱ. 생태관광의 개념과 원칙

1. 지속가능개발과 지속가능관광의 등장배경과 개념

오늘날 환경문제는 인류가 최우선적으로 해결해야 할 범지구적 과제로 떠올랐다. 환경보호가 경제개발에 방해가 되며 국제경쟁력 역시 약화시킨다는 전통적인 환경관을 극복하고, 환경적으로 건전한 개발 전략을 수립하고 이행에 활용될 수 있는 각종 자원과 기술 그리고 지식의 획득에 노력을 경주하고 있다.

1972년 스톡홀름에서 개최된 유엔인간환경회의(United Nations Conference on Human and Environment, UNCHE)가 '하나뿐인 지구'(Only One Earth)라는 슬로건을 제시하면서 지구환경보전 문제를 세계 공통의 과제로 채택한 이래, 1980년 세계자연보전연맹(The World Conservation Union, IUCN)회의에서 '지속가능한 개발(sustainable development)' 개념이 공식적으로 제안되었다. 세계환경개발위원회(World Commission on Environment and Development, WCED)(1987)는 지속가능한 개발을 "미래 세대의 욕구를 충족시킬 수 있는 능력과 여건을 저해하지 않으면서 현세대의 욕구를 충족시키는 개발"로 정의하였다.

1980년대 이후 대표적인 개발규범으로 받아들여지는 지속가능한 개발 개념은 1992년 유엔환경개발회의(United Nations Conference on Environment and Development, UNCED)의 리우선언 (The Rio Declaration on Environment and Development)을 통해 국제적으로 공론화되고 그 실행계획으로 의제 21(Agenda 21)이 채택되었다.

Pearce 등(1989)은 지속가능한 경제성장과 개발을 다음과 같이 설명하고 있다. 첫째, 경제성장이란 일인당 실질 소득이 시간이 지남에 따라 계속 증가함을 의미하지만 이러한 추세가 성장의 지속가능성을 의미하는 것은 아니다. 둘째, 지속가능한 경제성장이란 일인당 실질 소득이 계속 증가함과 동시에 그 증가는 공해나 자원의 문제와 같은 생태적, 물리적 부작용이나 빈곤 및 사회혼란과 같은 사회적 문제를 야기하지 않는 것이어야 한다. 셋째, 지속가능한 개발은 천연자본(natural capital)과 인공자본(man made capital) 간의 대등한 변환을 통하여 혹은 천연의 부가 감소함이 없이 일인당 효용이나 복지가 계속적으로 증가함을 의미한다.

관광 분야에서도 지속가능개발 개념을 실현하기 위한 노력들이 이어졌다. 1960년대부터 시작된 환경에 대한 관광 분야의 관심은 1980년 마닐라선언(Manila Declaration on Tourism)을 통해 관광과 환경, 문화가 공존하는 지속가능한 관광 추구의 필요성과 인류의 유산인 관광자원의 보호와 환경보전의 중요성을 최초로 공표함으로써 보다 구체화된 노력으로 이어지게 된다. 리우선언 이후 실천적인 노력으로, 1995년 세계관광기구(World Tourism Organization, WTO)와 유엔환경프로그램(United Nations Environment Programme, UNEP) 그리고 국제연합교육과학문화기구(United Nations Educational, Scientific and Cultural Organization, UNESCO)와 유럽연합(European Union, EU) 등이 지속가능관광헌장(Charter for sustainable tourism)을 채택함으로써 지속가능관광 기준선정의 필요성, 지속가능관광의 원칙, 방법, 역할 등 18개 조항의 행동지침을 제시하였다. 1996년에는 세계여행관광위원회(World Travel & Tourism Council, WTTC)와 WTO 그리고 지구협의회(Earth Council, EC) 등의 3개 국제기구가 지속가능한 개발 개념하에 지속가능관광을 실현하기 위한 계획안으로 '여행과 관광산업에 대한 의제 21(Agenda 21 for the Travel & Tourism Industry)'을 공동으로 채택하였다.

지속가능한 관광개발은 관광자원의 적극적 개발을 지양하고, 환경보호와 자연보전을 고려한 적절한 개발과 활용으로 관광자원 이용의 지속성을 보장하는 것이다. 지속가능한 관광은 현세대뿐만 아니라 후세대 역시 자원이용이 가능하도록 효과적인 자원 보전과 활용에 초점을 두고 있다. 또한 현재의 경제적 활동이 자연적으로 재생될 수 있는 자원의 소비를 최소화하는 것을 전제로 하며, 지역주민과 관광객들이 현재와 미래에 누릴 수 있는 환경적, 문화적 자원을 보호하면서 관광개발과 관광활동을 통한 경제적 편익을 증대시키는 것을 의미한다(APEC Tourism Working Group, 1996). 지속가능한 관광개발은 지역사회에 대한 '생활의 질 향상', 여행자에게 '양질의 경험 제공', 지역사회와 여행자를 위한 '양질의 환경 유지'를 그 내용으로 하며, 생태적 지속가능성, 사회적 지속가능성, 경제적 지속가능성을 모두 포함하는 포괄적 개념이라 할 수 있다(한국관광공사, 1997).

지속가능한 관광은 모든 산업 분야에서 지속가능한 개발을 추구해야 함과 같이, 앞서 언급한 대안관광뿐만 아니라 대중관광에서도 또 언급되지 않은 다른 모든 형태의 관광에서 추구해야 할

개발규범이 되었다. 그런데 관광에서 어떤 방법으로 지속가능성
을 보장할 것인가? 어떤 형태의 관광이 지속가능관광에 대한 모
범답안을 보여줄 수 있는가? 이러한 고민은 실천적 해결수단으
로 생태관광의 선택으로 이어지고, 많은 비판적 시각에도 불구하
고 생태관광은 여전히 지속가능관광의 최적 실행대안으로 받아
들여지고 있다.

2. 생태관광의 개념과 원칙

생태관광의 등장은 1965년 Hetzer가 기존 관광에 대한 대안으로
생태적 관광(ecological tourism)을 언급하면서부터였다(Wallace,
1992). 이후 1983년 Ceballos-Lascurain에 의해 생태관광이라는 용
어가 만들어졌고 현재까지 이용되고 있다. 1990년대를 전후해서
많은 학자들과 국제기구에서 생태관광에 대한 개념적인 정의를 내
리고 있는데, 이들 중 폭넓게 인용되는 정의는 국제생태관광학회[3]
의 정의이다. TIES (1991)는 "자연자원의 보전이 곧 지역 주민의
편익이 될 수 있는 경제적 기회를 창출하는 동시에 생태계의 균형
을 깨뜨리지 않도록 주의를 기울이면서, 지역의 자연과 문화를 이
해하기 위하여 자연 지역으로 떠나는 의미 있는 여행"으로 생태관
광을 정의하고 있다.

---

3) The International Ecotourism Society(TIES)는 우리말로 번역될 때 국
  제 혹은 세계 생태관광학회 또는 생태관광협회로 옮겨진다. 통일된 번
  역이 없으므로, 본서에서는 '국제생태관광학회'로 번역 사용하였다.

서로 다른 표현을 사용하였으나 수많은 생태관광 정의에는 자연환경보전과 환경교육/해설 제공, 지역 참여 등이 중요한 요소로 나타난다. Hetzer는 더욱 책임 있는 관광 형태가 되기 위해 다음과 같은 네 가지 기본 요소를 제시하였다. 첫째, 환경에 미치는 영향의 최소화, 둘째, 대상지 문화에 대한 영향 최소화, 존경과 존중 극대화, 셋째, 대상 지역사회에 경제적 편익 극대화, 넷째, 관광객의 휴양 만족 극대화 등이다(Fennell, 1999).

결론적으로 생태관광은 "자연생태계가 우수하거나 자연경관이 아름다운 지역을 방문하여 자연을 감상하며 배우고 동시에 그 지역의 문화를 배우고 경험하는, 환경적, 사회문화적, 경제적 책임을 동반하는 관광"으로 정의할 수 있다.

이상의 생태관광 정의와 특성을 요약 정리하면 〈표 1〉과 같다.

〈표 1〉 생태관광의 정의와 특성

정의: 자연생태계가 우수하거나 자연경관이 아름다운 지역을 방문하여 자연을 감상하며 배우고 동시에 그 지역의 문화를 배우고 경험하는, 환경적 사회문화적 경제적 책임을 동반하는 관광
특성: · 대상지 자연과 문화 보전/유지를 위한 적극적 참여 · 환경 교육 및 해설 제공 　－ 관광객의 환경에 대한 부정적 영향 최소화 　－ 관광객의 환경인식 제고 · 지역사회의 적극적 참여 유도 · 지역 기반의 경제활동을 통해 지역 경제 활성화 추구 · 경제적 편익이 환경보전을 위해 재투자되는 체계 구축 · 수요가 아닌 공급 중심의 개발 · 사회적 경제적 환경적 목표 통합 달성 추구

출처: 강미희(1999)

생태관광은 환경보전을 꾀하고 지역 경제의 이익을 도모하는 등의 긍정적인 측면이 있는 반면, 그 이름으로 인해 생태계 훼손에 대한 면죄부 역할을 할 수 있으며 마케팅 수단으로 이용될 수 있다는 비판의 목소리도 높다. 실제로 많은 지역에서 생태관광의 권고사항들을 지키지 않고 있으며 기존 대중관광 산업에서는 고객을 유치하기 위한 수단으로 생태관광이라는 용어를 빌려 사용하고 있는 등 생태관광이 대중적인 자연관광으로 변질될 수 있는 많은 위협요인들이 존재한다.

생태관광의 태동이 단지 경제적인 측면에 의해서가 아니라 사회적·경제적·환경적 우려와 관심이 융합되어 이루어졌음을 상기할 때, 생태관광에 대한 비판보다는 긍정적인 효과를 창출하기 위한 노력이 더 필요하다(김성일과 강미희, 2002). 부정적 영향보다는 긍정적인 효과를 얻을 수 있도록 사전에 생태관광을 개발하고 관리할 때 지켜야 할 원칙들이 많은 학자들과 단체들을 통해 제시되어 왔다.

자연환경을 보전하고 관광객에게 환경에 대한 인식을 제고시키며 지역 주민에게 경제적인 편익을 제공하는 것이 생태관광의 가장 기본적인 원칙이다. 기본적인 원칙은 기업과 관광객 모두 소규모 운영을 지향하여 자원에 미치는 영향을 최소화하기 위해 노력할 때 가능하다. 또한 대상지를 방문하는 관광객에게는 환경해설 및 지역 주민 가이드를 통해 환경보호에 대한 인식을 환기시키고 문화적 공감대를 형성시켜야 한다. 관광지 개발 및 운영에 관한 의사결정 과정에 반드시 지역 주민을 참여시키고 생태관광 운영으로 인해 발생하는 이익이 지역 주민과 지역사회에 균등하게 분배되도록 해야 한다. 이런 노력이 지속될 때 생태관광이 추구하는 궁극적인 목표인 지속가능성의 실현은 보다 가능해진다.

생태관광의 기본원칙

- 관광지 자연환경 보전
- 관광객의 환경인식 제고
- 지역 주민의 경제적·사회적·환경적 편익 보장 및 증대

〈그림 1〉 생태관광의 기본원칙

생태관광의 세 가지 기본원칙을 중심으로 생태관광에 대한 세부원칙을 설정함으로써 보다 구체적인 개발을 실시할 수 있다. 무엇보다도 생태관광은 그것의 궁극적인 목적이 되는 지속가능성을 추구할 수 있도록 해야 할 것이다. 따라서 개발 이후, 운영 단계에서 자원의 영향을 최소화할 수 있도록 소규모 운영이 전제되어야 한다. 또 관광객 유치와 만족도 제고를 위한 지역 주민의 적극적인 참여가 요구되며, 발생하는 이익이 다시 지역사회의 바람직한 개발과 관리를 위해 사용되어야 할 것이다.

이러한 세부원칙들을 보전관리, 지역사회 참여, 개발 및 운영 등의 세 차원에서 제시하면 다음과 같다.

보전관리의 원칙

- 생물다양성 보전에 기여
- 재생 불가능한 자원의 소비 최소화
- 관광객 수 제한을 통해 자원에 미치는 영향 최소화
- 법정 보호 지역이나 기타 자연 지역의 보전과 관리에 기여
- 관광객의 부정적인 환경영향 최소화
- 지역사회의 전통적인 문화와 경관의 유지 및 보전 추구

지역사회 참여 원칙

- 지역의 사회·문화·자연 매력물을 발견하고 개발하여 지역이미지 제고
- 관광객에게 양질의 경험을 제공하기 위해 적극 협조
- 대상지 개발 및 운영과 관련된 의사결정 과정에 적극 참여
- 생태관광 운영에 지역 주민 고용을 장려하고 촉진시킴
- 생태관광 편익의 균등 분배
- 생태관광 편익 일부를 보전활동에 환원

개발 및 운영 원칙

- 소규모의 개발 및 운영을 통해 지속가능성 추구
- 지역을 대표하고 타 지역과 차별될 수 있는 지역 고유의 매력요소 발견과 개발
- 환경해설/교육을 위한 시설 및 프로그램 개발
- 지역 주민 가이드 교육 및 훈련을 위한 시설 및 프로그램 개발
- 기반시설 개발 및 운영관리를 위한 기금은 정부와 지자체가 제공

Sadler(1990)는 생태관광이 지속가능한 관광이 되기 위한 몇 가지 원칙을 제시한 바 있다. 그 첫 번째는 사회, 경제, 환경 목표가 함께 달성되어야 한다는 것이다. 둘째는 지역 주민의 의미

있는 참여를 보장하기 위해 교육과 훈련이 제공되어야 하며, 실제 소득 창출을 통해 지역사회가 경제적 편익을 얻을 수 있어야만 한다는 것이다. 셋째는 지역사회가 얻게 되는 편익이 다시 지역사회의 사회, 문화, 역사, 자연 자원을 보전하는 데 환원되어야 한다는 것이다. 마지막 원칙은 생태관광을 계획하고, 운영, 관리하는 데 있어서 공급자와 수요자 모두 윤리적이며 책임 있는 행동을 해야 한다는 것이다.

다음의 〈그림 2〉는 Butler(1980)의 관광지 발전주기 모델을 이용하여 지속가능한 생태관광의 발전주기를 도식화한 것이다. 이모델은 생태관광지의 수용력을 합리적이며 장기적으로 설정하는데 있어서 경제적, 사회적, 생태학적 변수들이 갖는 상대적 중요성을 강조한다. 방문량은 수용 가능한 이상적인 이용수준 이하를 유지해야 하며, 장기적으로 증가한다 하더라도 그 증가량은 환경이 지탱할 수 있는 능력에 맞춘 최소한의 증가이어야 한다. 한편가격 메커니즘(price mechanism)은 수용할 만한 재정적 수익을 보장할 수 있도록 운영되어야 한다(Fennell, 1999).

이상에서 설명한 생태관광의 원칙들이 뒷부분에 설명할 생태관광 인증프로그램의 주요 기준들로 이용된다. 즉 생태관광 여행상품이든 숙박시설 혹은 매력물이 되기 위해서는 생태관광이 추구하는 목표를 달성하기 위한 원칙들이 먼저 실천에 옮겨져야 하기 때문이다. 또한 〈그림 2〉에 나타난 수용력 임계범위 역시 관광객 수 혹은 이용량 그리고 개발수준을 결정하는 기준이 되어 인증프로그램의 주요 평가기준이 된다.

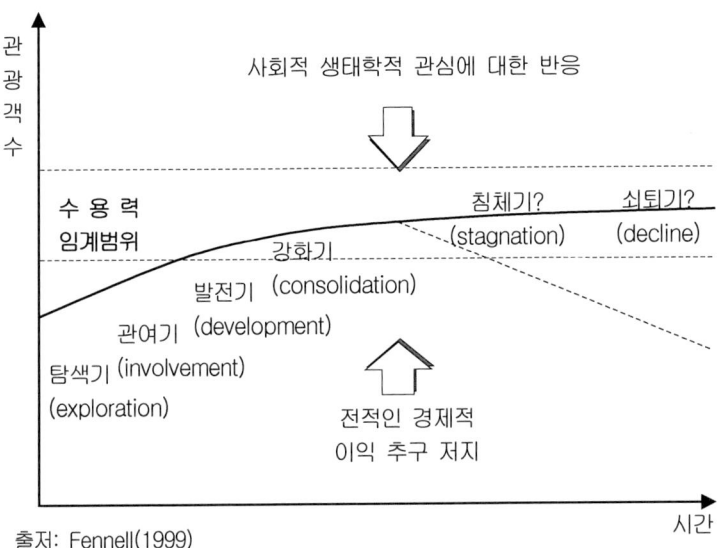

出저: Fennell(1999)

〈그림 2〉 지속가능한 생태관광의 발전주기

Ⅲ. 친환경관광인증제도의 이해

1. 친환경관광인증제도의 개념과 발전

1) 인증의 개념과 에코라벨

인증(認證, certification)이란 "문서나 행위가 정당한 절차로 이루어졌다는 것을 인정해 증명"(민중서림, 1997)하는 것이다. 1992년 American Society of Association Executives는 인증제도를 "지식의 특정 형태 혹은 지식의 일부분에 대한 우월성을 결정하기 위한 개인의 검증 및 평가 절차"로 정의한다. 미국이나 유럽, 라틴아메리카에서 관광인증은 특정 기준에 부합하는 사업, 매력, 목적지, 관광, 서비스, 서비스제공자(가이드), 절차, 관리시스템에 대해 눈에 띄는 로고를 부여하는 절차로 정의된다(Honey and Rome, 2001).

이때 주의할 것은 흔히 혼용되어 쓰이고 있는 인증과 인정(認定, accreditation)은 상이한 개념이라는 것이다. 인증은 기업, 상품, 진행과정(process), 서비스, 또는 관리체계가 특정 요구조건에 부합되는가를 평가하고 모니터하여 성문화(成文化)된 보증을 제공하는 자발적인 절차이다. 이러한 인증은 베이스라인 기준치(baseline standards), 즉 적어도 국가적 지역적 법규에 부합되고 다른 인증프로그램에 의해 규정되고, 선언된 혹은 협정된 기준을 충족시키는 기준치를 만족시키거나 그 기준을 초월하는 상기한 기업, 상품 등등에 대해 시장성 있는 로고(logo)나 표(seal)를 부여하게 된다. 반면 인정은 기업, 상품, 진행, 서비스 등에 대해 인증하는 주체에 대해 자격을 부여하고, 보증하고, 면허를 주는 절차를 의미한다. 다시 말해 인정프로그램은 인증자(certifiers)를 인증하는(certify) 것이다(Honey and Rome, 2001).

〈표 2〉 인증과 인정의 구분

구 분	의 미
인 증 (certification)	기업, 상품, 진행과정(process), 서비스, 또는 관리체계가 특정 요구조건에 부합되는가를 평가하고 모니터하여 성문화(成文化)된 보증을 제공하는 자발적인 절차
인 정 (accreditation)	기업, 상품, 진행, 서비스 등에 대해 인증하는 주체에 대해 자격을 부여하고, 보증하고, 면허를 주는 절차

인증은 앞서 설명한 것처럼 다양한 분야에서 다양하게 이루어질 수 있다. 즉 기업, 상품, 과정 혹은 절차, 서비스, 또는 관리체계 등에 대해 인증을 획득할 수 있는데, 이때 '친환경적'인 대상에 부여하는 인증은 에코라벨(eco label)[4]을 부여한 것이라 할수 있다. 우리가 앞으로 다루게 될 지속가능관광 인증제도나 생태관광인증제도 등 친환경성을 검토하는 인증제도는 모두 에코라벨제도에 속한다.

---

4) 에코라벨은 우리말 표현으로 '환경마크'로 옮겨질 수 있다. 그러나 본서에서는 영어표현 그대로 에코라벨로 통일해서 적었다.

〈표 3〉 에코라벨의 의미와 의의

에코라벨은 친환경적이며 품질이 우수한 대상에 대해 친환경상품임을 공인하는 마크이다.

예컨대 특정 상품이 에코라벨을 획득했다는 것은, 원료취득 → 생산 → 유통 → 사용 → 폐기 등 상품의 생산과정 각 단계에 걸쳐 자원 및 에너지를 덜 소비하고 오염물질을 덜 배출하였다는 것을 의미한다.

에코라벨 인증상품은 상품 전 과정에서 오염물질 배출 저감효과가 나타나 환경적이며, 자원 에너지 절약에 따른 비용과 오염물질 배출 저감에 따른 오염물질 처리 비용 절감 효과가 나타나 경제적이다. 에코라벨에서 '에코'는 환경적(ecology)이고 경제적(economic)이라는 의미를 지니고 있기도 하다.

에코라벨은 소비자에게 에코라벨 인증상품이 친환경상품임을 알리는 정보 전달 기능을 하며, 생산자나 판매자는 에코라벨 인증을 통해 자사 상품이나 기업 이미지를 제고할 수 있다.

관광에서 에코라벨 인증 대상은 관광지, 관광기업, 관광프로그램, 관광서비스, 관광가이드 등 다양한 부문이 모두 포함될 수 있다. UNEP(1998: p.1)는 에코라벨을 '……높은 환경기준을 충족시키는 가장 자발적인 접근법 중의 하나'로 정의한다. 에코라벨제도는 기존의 규제 일변도의 환경정책에서 탈피하여 시장을 통한 자발적인 환경개선 효과를 유도한다는 점에서 의의가 있다.

주: 상기 내용의 일부는 인터넷 사이트 '네이버백과사전'의 내용을 참고함

2) 관광 에코라벨의 역사

관광의 역사는 오래되었지만 환경적으로 그리고 사회적으로 책임 있는 관광의 기준을 제시하는 인증제도의 역사는 10년도 채 되지 않았다. 관광 분야에서 에코라벨을 부여하는 인증제도는 매우 새로운 개념이었으므로 1980년대 말과 1990년대 초에 친환경관광인증제도[5] 문제가 제기되었을 때, 이 제도는 선구적이고 개척적

---

5) 본서에서는 관광 분야의 환경마크제도를 친환경관광인증제도 혹은 친환경관광인증프로그램으로 표현하였다.

인 프로그램으로 인식되기도 하였다(Honey and Rome, 2001).

　가장 오래된 친환경인증제도인 '여행카운슬러인증'(Certified Travel Counselor, CTC)은 1965년에 인증 받은 여행중개사(Cer-tified Travel Agent)에 의해서 여행사들 간에 자발적인 프로그램으로 도입되었고, 1990년대 초에는 유사한 프로그램들이 캐나다와 유럽에서 개발되었다(Honey and Rome, 2001). 본격적인 친환경관광인증제도는 1987년 유럽환경교육재단(Foundation for Envi- ronmental Education in Europe, FEEE)이 수영할 수 있을 만큼 깨끗한 해변에 'Blue Flag'를 수여하고, 같은 해 독일여행사연합(Federation of German Travel Agencies)이 환경지향적인 개인과 단체 그리고 대상지에 대해 'International Ecolabel'을 수여함으로써 시작되었다. 그 이듬해인 1988년에는 독일에서 숙박업 운영자에게 'Kleinwalser Valley Environmental Award'가 수여되었다(Buckley, 2001).

　2001년을 기준으로 전 세계적으로 관광 행동강령(code of conduct), 라벨(label), 상(awards), 벤치마킹(benchmarking), 우수사례(best practices) 등 250여 개의 자발적인 솔선행동 프로그램들이 있다. 이들 중 약 100여 개는 사회적으로 그리고 환경적으로 우수한 관광실행을 표명하기 위해 고안된 로고(logo), 승인표(seal of approval), 상 등을 제공하는 에코라벨링 및 인증프로그램이다(Honey and Rome, 2001). 사회적으로 그리고 환경적으로 우수한 관광 상품을 인증하는 대표 프로그램으로는 ISO 14001을 비롯해 〈표 4〉와 같은 인증프로그램들이 있다.

이들 프로그램의 대부분이 숙박시설에 초점이 맞추어져 있으나,
최근에는 보다 폭넓은 관광산업 분야로 확장되어 가고 있는 추세
이다. 예를 들면, 골프 코스에 부여되는 Audubon Cooperative
Sanctuary System, 청정해변에 대한 Blue Flag, 보호지역에서 이
루어지는 생태관광에 대한 PAN Parks, 갈라파고스 보트에 대한
Smart- Voyager, 그리고 자연관광과 생태관광에 대한 인증제도인
호주의 NEAP(Nature and Ecotourism Accreditation Program)
등이 그것이다.

〈표 4〉 친환경관광인증제도 목록

```
- Austrian Ecolable For Tourism Organizations, Austria
- Bed & Bike: bicycle-friendly guest operations Germany
- Biosphere Hotels, Spain
- The Blue Flag Campaign, Europe
- Blue Swallow, Europe
- British Airways Tourism for Tomorrow Awards, Worldwide
- Committed to Green, Europe
- Costa Rican Sustainable Tourism Certificate, Costa Rica
- The David Bellamy conservation Award, United Kingdom
- Destination 21, Denmark
- Eco-dynamic Enterprise, Belgium
- Ecolabel for the Luxembourg Tourism Organizations, Luzembourg
- Eco-Snail of the North Sea Island of Borkum, Germany
- ECOTEL Certification, Worldwide
- Ecotourism Symbol Alcudia, Spain
- The Emblem of Guarantee of Environmental Quality, Spain
- Environment Squirrel, Germany
- Environmental Quality Mark for Alpine Club Muntain Huts, Germany
- Environmental Seal of Quality Tyrol and Sourth-Tyrol, Austria and Italy
```

- Environmentally Conscious Hotel and Restaurant Businesses in Bavaria, Germany
- Environmentally Friendly Campsites – Lever, Germany
- The European Charter for Sustainable Tourism in Protected Areas, Europe
- The Environmentally Oriented Hotel and Guest House, Germany
- European Prize for Tourism and the Environment, Europe
- Gites Panda, France
- Green Globe 21 Standard For Travel and Tourism, Worldwide
- Green Hand – We Do Something for the Environment, Austria
- Green Hotels Association, Worldwide
- The Green Key, Northern Europe
- Green Keys, France
- Green Tourism Business Scheme, United Kingdom
- Holiday Villages in Austria, Austria
- Horizons, Canada
- IH&RA Environmental Award, Worldwide
- International Environmental Award, Worldwide
- Kiskeya Alternative Tourism Sustainability Certification Program-me, Dominican Republic/Haiti
- Landscape of the Year, Europe
- Model Campsites in Germany, Germany
- Nature and Ecotourism Accreditation Programme, Austraila
- Natural Products Hohe Tauern National Park, Austria
- The Nordic Ecolabelling of Hotels, Scandinavia
- PAN Parks, Europe
- Q-Plus – Kleinwalsertal, Austria
- Scottish Golf Course Wildlife Initiative, Scotland
- Seaside Award, United Kingdom
- SmartVoyager, Ecuador
- Tourfor, Europe
- TUI Environmental Initiatives, Worldwide

출처: Font and Buckley eds.(2001)

2. 친환경관광인증제도의 수립과 시행

1) 도입과 시행의 흐름도

인증제도 수립을 위해서는 다음의 〈표 5〉와 같은 사항에 대한 결정이 먼저 필요하다. 친환경관광 인증제도 수립의 목적은 '관광객과 환경을 보호'하고 '환경적으로 의식 있는 전문경영인을 양성함과 동시에 관련업체의 환경친화적인 실행을 증진'시키고자 하는 것이다. 그러나 각 인증제도가 지향하는 목표와 시행의 목적은 시행 주체나 시행 대상에 따라 다소의 차이가 있을 수 있으므로 이에 대한 분명한 규명이 먼저 이루어져야 한다.

〈표 5〉 친환경관광인증제도 도입을 위한 우선결정 사항

항 목	내 용
목 적	− 관광객과 환경의 보호 − 환경적으로 의식 있는 전문경영인 장려 및 업체의 환경친화적 실행 증진
적용지역	− 국제수준(international) − 물리적 혹은 정치적 요소에 의해 정의되는 한 개 이상 국가에 걸친 비교적 광범위 지역을 포괄하는 지역 수준(regional) − 한 개의 국가수준(national) − 한 국가 내 일정단위 지역 수준(sub−national)
시행주체	− Regional 수준에서 운영되는 초국가적 공공기관(예: The European Union) − 국가 내 지역 혹은 국가 수준에서의 공공기관(예: 관광청, 지방자치단체) − 산업연합체 − 민간기업 − 비정부단체(NGOs)
인증부문	− 시설(특히 숙박시설) − 서비스 − 대상지(매력물)
인증기간	− 1∼3년 등

인증제도의 목적이 분명해지면 인증제도의 개발과 관리를 주관할 기관 혹은 단체를 조직해야 한다. 주관 기관 혹은 단체는 인증제도의 목적과 시행의 범위 등 다양한 요소에 의해 달리 결정될 수 있다. 국가(중앙정부 혹은 지방정부)나 민간단체 혹은 관광사업자 모두가 인증프로그램을 개발하고 시행하는 주체가 될 수 있다. 어떤 주체가 주관하게 되든지 개발과 관리를 위한 조직의 구성이 필요하다. 다음의 〈표 6〉은 하나의 구성안이다.

〈표 6〉 친환경관광인증제도 관련조직 구성안 예시

	역 할	주 체
친환경관광 인증위원회	인증제도 관리와 감독	· 중앙정부 (문화관광부, 환경부, 해양수산부, 산림청 등) · 관광관련협회 · 관련대학 · 환경단체
인증평가자(기관)	인증수여 대상결정 · 기 업 · 상 품 · 대상지 · 가이드	친환경관광인증위원회로부터 권한위임을 받은 인증대행기관 (예: 생태관광협회)
인증수여자(기관)	공식 인증	인증대행기관

인증조직이 구성된 후에는 구체적으로 인증제도 개발작업에 착수한다. 이때 친환경관광인증제도 개발을 위한 개발프로젝트팀이 별도로 구성될 수 있다.

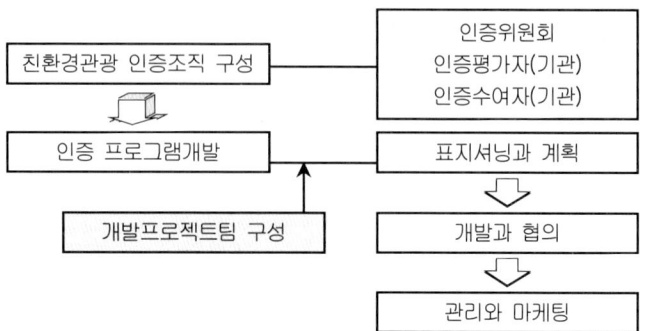

〈그림 3〉 친환경관광인증제도 개발프로젝트팀의 구성과 역할

개발된 인증프로그램은 친환경관광인증위원회로부터 권한을 위임받은 대행기관에 의해 실행에 옮겨지게 되는데, 이때 정부기관에 의한 적극적인 마케팅이 뒷받침되어야 한다.

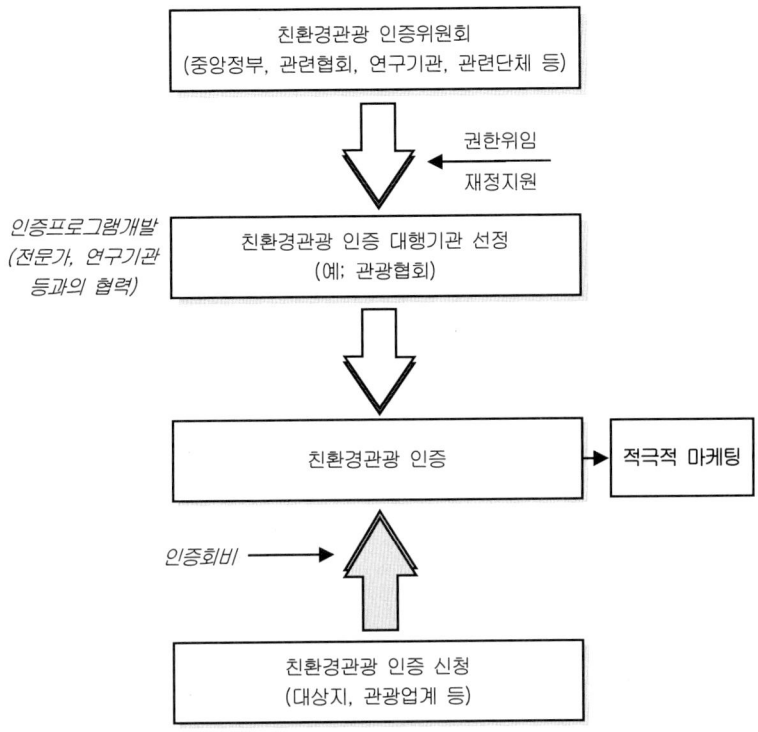

〈그림 4〉 생태관광인증제도 도입과 시행 모식도

　　〈그림 4〉의 인증절차를 구체화하여 전체 인증구조 및 인증절
차를 도식화하면 〈그림 5〉와 같다. 장기적으로 인증회비 등을 통
한 자체 재정운영이 이루어져야 하지만, 도입단계에서는 안정된
수요확보가 불가능할 뿐 아니라 수익보다는 시행 비용이 클 수
있으므로 정부기관의 재정지원이 필요할 수도 있다.

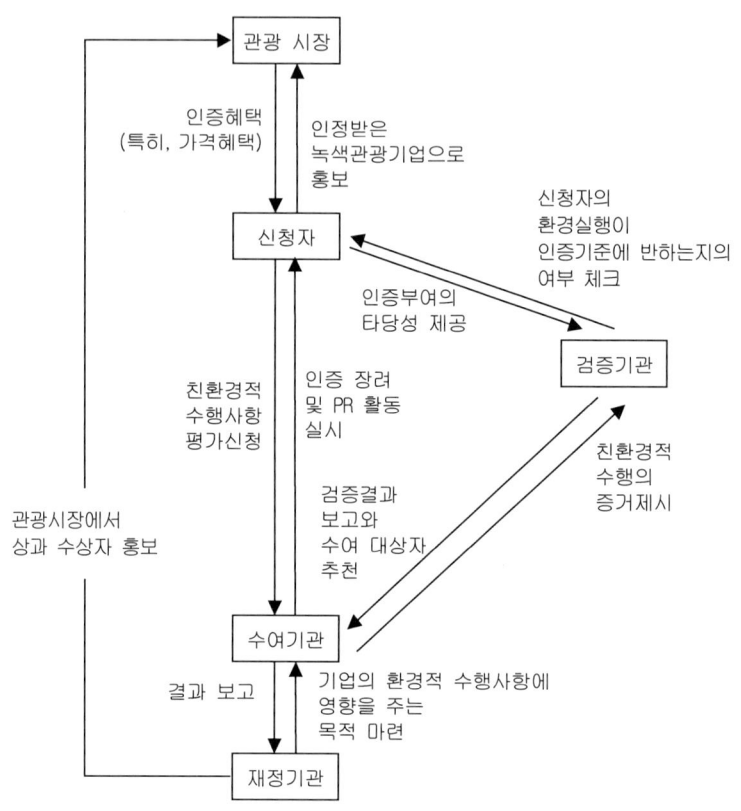

출처: Font (2001, p.5)

〈그림 5〉 관광에코라벨의 주요 주체

2) 친환경관광인증제도 개발 절차

친환경관광인증제도 개발은 인증의 목적과 예산 등의 사전 검토사항이 마무리된 후 본격적인 개발 단계에 들어가게 된다. 앞서 언급한 바와 같이 개발프로젝트팀이 별도로 조직되어 인증제도의 틀을 만드는 것이 효율적이다. 프로젝트팀이 구성된다고 가정하였을 때, 프로젝트팀의 관리는 〈그림 6〉과 같은 절차로 이루어진다. 이때 구체적인 작업은 실제 3단계에 걸쳐 이루어진다. 즉 포지셔 닝과 계획, 개발과 협의, 그리고 관리와 마케팅 등의 단계이다.

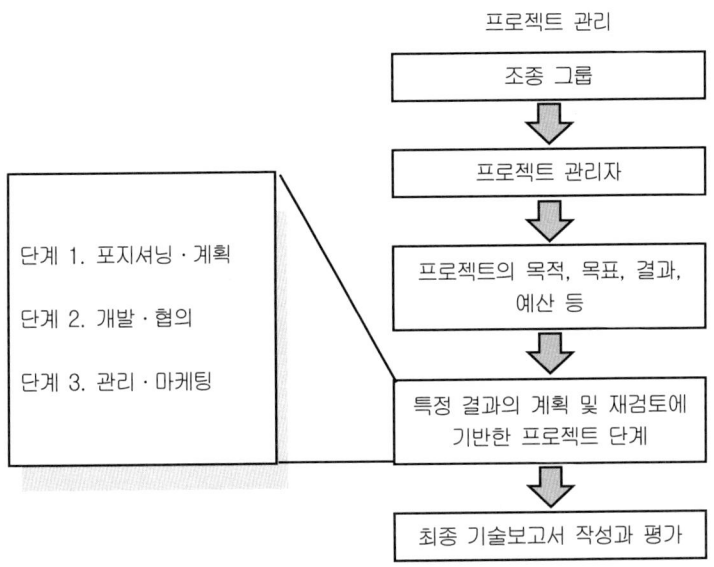

출처: Font and Tribe (2001, p.90)

〈그림 6〉 에코라벨 프로젝트의 관리

3단계의 작업을 보다 구체적인 작업내용과 절차로 나타내면 〈그림 7〉과 같다. 첫 번째 단계는 "포지셔닝과 계획수립" 단계로 기존의 상이나 증서(instruments) 가운데서 에코라벨제도가 차지 하게 될 위치를 분석하게 된다. 현재 상황을 분석하고 보고서를 작성한 후, 관련된 이해관계자가 누구인지를 규명하는 절차를 거 친다. 그다음 단계로, 누구를 인증할 것인지를 결정한다.

46

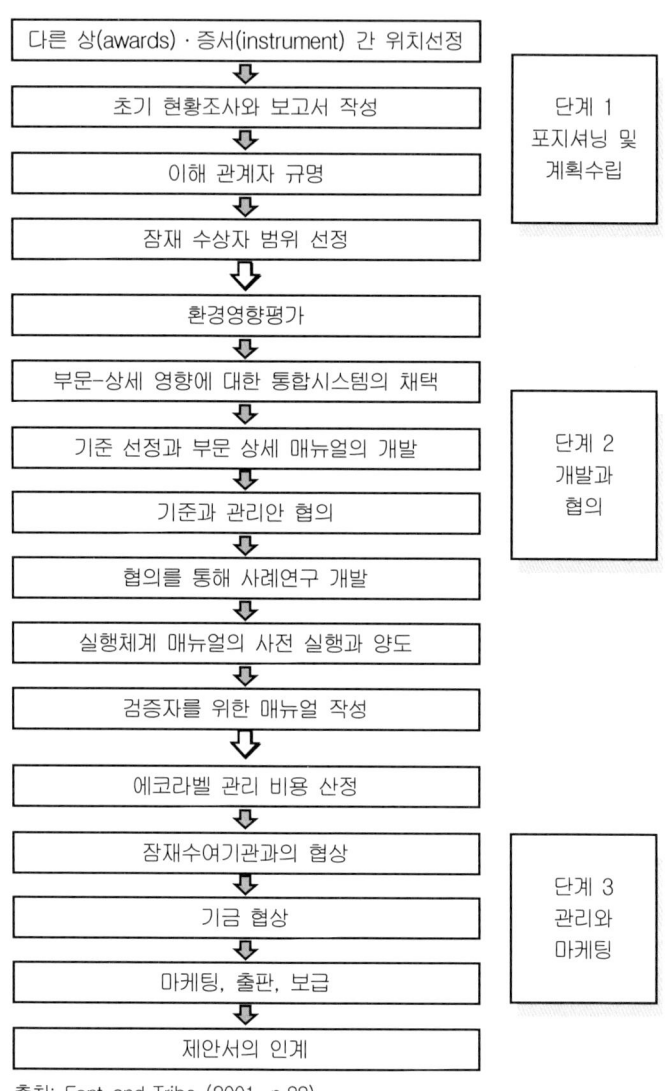

다른 상(awards) · 증서(instrument) 간 위치선정	
초기 현황조사와 보고서 작성	단계 1
이해 관계자 규명	포지셔닝 및 계획수립
잠재 수상자 범위 선정	
환경영향평가	
부문-상세 영향에 대한 통합시스템의 채택	
기준 선정과 부문 상세 매뉴얼의 개발	단계 2
기준과 관리안 협의	개발과 협의
협의를 통해 사례연구 개발	
실행체계 매뉴얼의 사전 실행과 양도	
검증자를 위한 매뉴얼 작성	
에코라벨 관리 비용 산정	
잠재수여기관과의 협상	단계 3
기금 협상	관리와 마케팅
마케팅, 출판, 보급	
제안서의 인계	

출처: Font and Tribe (2001, p.88)

〈그림 7〉에코라벨 개발과정

두 번째 단계는 환경영향평가와 기준의 개발 및 협의 등의 과정을 거치는 "개발과 협의" 단계이다. 마지막 세 번째 단계는 "관리와 마케팅" 단계로, 개발된 기준을 적용하고 관리하는 데 필요한 예산을 산정한 후, 잠재수여자들과의 논의를 통해 아이디어를 얻고 실제 에코라벨제도에 대한 비정부단체와 언론계의 관심을 평가하는 등의 작업을 하는 단계이다.

각 단계별로 수행되어야 하는 일들[6]을 더 구체적으로 살펴보자.

(1) 포지셔닝과 계획수립 단계

첫 번째 단계에서는 관광인증제도의 포지셔닝과 이에 대한 세심한 계획을 수립하는 단계이다. 여기에서는 다음과 같은 작업들이 수반되어야 한다.

- 개발하고자 하는 에코라벨과 유사한 작업을 이미 누군가 하고 있지 않은지 검토
- 기존의 인증제도와 중복될 수 있는 측면은 무엇이며, 상호 간 협조할 수 있는 측면은 무엇인지 규명
- 어떤 이해관계자가 계획안에 참여하기를 원하는지 혹은 후원하기를 원하는지 확인
- 시장의 범위를 정하고 이용 가능한 형태의 자료 수집
- 관광 상품과 서비스의 소비에 에코라벨이 미칠 영향 이해

이들 사항들을 다시 구체적으로 살펴보면 다음과 같다.

---

6) Font와 Tribe(2001)가 제시한 에코라벨 개발과정을 요약 정리하였다.

① 여타의 상과 증서 사이에서의 위치 선정

현재 관광 분야에서는 관광업계나 관광객 모두에게 대표적으로 인식되는 인증제도 없이, 많은 에코라벨들이 서로 중복되어 적용되고 있다. 이에 따라 새로운 에코라벨들이 관광산업에서 유발되는 문제들을 해결하기 위해 제시되고 있다. 국제적으로 적용되는 에코라벨을 개발하기 위해서는 에코라벨 관리를 위한 광범위한 기준들이 포함되어야 하고, 또 관광산업 전체를 포함할 수 있는 절차를 거쳐야 한다.

에코라벨을 개발할 때, 초기에 해야 할 일 중의 하나는 에코라벨이 담당해야 할 역할을 명확히 이해하는 것이다. 이를 위해서 인증제도 개발자는 이미 존재하고 있는 다른 상이나 수단들(예: 법규) 중에서 새로 개발될 에코라벨이 차지하게 될 위치가 어디인지를 파악하여 기존의 것들과의 차이를 명확히 하고, 관련 있는 것들끼리는 결합할 수 있는 방안을 고안해야 한다.

② 초기 현황조사와 보고서 작성

에코라벨을 개발하는 조직은 시장, 소비자 활동, 상품, 공급자, 현재의 이슈 등 최신 정보를 모으는 과정을 거쳐야 한다.

③ 이해관계자 규명

누가 중요한 이해관계자인지를 규명하는 일은 매우 중요하다. 이해관계자의 규명은 지침을 개발하는 기준이 되며, 필요한 시간과 전문적 기술 유형이 무엇인지 확인하며, 에코라벨이 공정성을 갖도록 개발하는 발판이 된다.

이해관계자의 명단을 작성하고 에코라벨 개발과 관련된 정보를 공개하여 이해관계자들의 비판과 참여를 이끌어 내야 한다. 개발 초기에 시도한 접촉에 대해 이해관계자가 보인 다양한 반응을 통해 향후 인증제도 개발과정에 적극적으로 참여하기를 원하는 사람들과 진행사항을 통보받기만 할 사람들을 구분할 수 있다.

④ 잠재 수여 대상자의 범위 선정

초기 현실 직시 과정에서 에코라벨의 표적시장에 관심을 가져야 할 필요가 있다. 에코라벨이 표적으로 하는 기업의 유형에 따라 범위선정의 난이도가 결정된다. 대개 관광회사가 이에 포함되는데, 소규모 회사의 경우 목록 확보가 어려울 수도 있다.

잠재 수여자와 관련된 자료는 기업분류에 도움이 될 수 있는 몇 가지 특성과 더불어 회사명, 주소, 그리고 담당자 이름 등의 정보를 포함한다. 종업원 수, 토지규모, 연간 자금회전율, 소유 시설과 어메니티(amenities) 목록 역시 좋은 정보이다.

⑤ 관광객 행동에 미칠 영향 규명

초기 계획 단계에서 마지막으로 해야 할 일은 에코라벨이 관광객의 활동에 어떻게 영향을 미치는지 확인하는 것이다.

(2) 개발과 협의 단계

인증체계를 구성하는 초기 단계에서는 환경영향을 평가하고 더 폭넓은 기반에서 에코라벨 기준의 윤곽을 잡고, 실행매뉴얼 같은 신청자에 대한 지원체계를 개발하는 등의 작업을 수행한다. 기준에 대한 협의는 잠재 대상자(기업, 지역사회, 혹은 특정단체 등)와 이해관계자에게 필수적이며, 관련한 매뉴얼이 개발되어야 한다. 검증자(verifiers)를 위한 매뉴얼은 검증과정에서 일관성과 공정성을 확보할 수 있도록 작성되어야 한다.

① 환경영향평가

우선 초기단계에서는 문헌 검토를 통해 주요 환경영향이 무엇인지를 규명할 수 있다. 가능한 영향의 목록이 개발될 수 있으며, 향후에 가능하면 특정 활동이나 실행과 연결시킨다. 그리고 표적 시장의 환경실행을 이해할 필요가 있다. 모범사례를 보이는 기관(혹은 기업이나 지역사회 등)을 선정하여 모범사례를 발표하는 자리(예를 들어, 포럼 같은)를 가지는 것도 좋은 방법이다.

② 부문-상세 영향(sector-specific impacts)에 대한 통합시스템(generic systems) 채택

이미 널리 이용되고 검증된 환경영향평가 지침들이 있다. 예를 들어 ISO 14001은 환경경영체제에 필요한 요소들이 무엇인지 알려주고 또 어떻게 실행에 옮길 수 있는지를 알려주는 매뉴얼까지 제공하는 환경관리시스템으로 국제적으로 널리 적용되고 있다. 이들 시스템이 관광이나 환대(hospitality) 등의 부문에 맞춰 개발된 특정 시스템은 아니지만, 관광 영향을 충분히 포괄할 수 있다. 따라서 이러한 통합시스템을 채택하여 에코라벨 관리에 기본 틀을 잡을 수 있을 것이다. 실제로 부록에서 자세히 소개하고 있는 GREEN GLOBE 21은 ISO 14001 관리시스템을 이용해 인증을 위한 평가를 실시한다.

③ 기준 선정과 부문 상세 매뉴얼 개발

인증의 가장 중심은 지표와 그에 따른 기준을 설정하는 것이다. 인증을 위한 지표와 기준의 설정은 바람직한 혹은 현재의 상태를 보여줄 수 있는 지표가 무엇인지 또 어떤 수준의 상태가 바람직한 것인지에 대한 논의라 할 수 있다.

기준설정의 단계는 크게 세 단계로 구분할 수 있다(UNEP, 1998).

첫 번째 단계는 목표 수립단계이다. 목표수립 시 고려해야 할 사항은 지역의 환경이슈, 해당 부문(예: 호텔이나 산악대피소)에서의 환경영향정도, 기술 및 관리에서의 노하우 등이다.

두 번째 단계는 인증제도에 기준으로 제시될 내용을 명확히 하는 것이다. 내용은 효과적이되 현실적이어야 한다. 지나치게 엄격한 기준은 장애가 될 수도 있다. 하지만 기준을 통해 지원자가 환경친화적 실행을 도모할 수 있도록 유도할 수 있는 수준이어야 한다. 이때 기준은 결과(result-driven) 혹은 과정(process-driven)을 평가하도록 설정되어야 한다. 결과 중심인증은 지원자가 도달해야 할 목표점(target)이나 표준(standard)으로 표현되는데, 예를 들어 "에너지 소비 25% 감축" 등으로 제시된다. 과정 중심인증은 특정 목표를 달성하기 위해 필요한 기술적/관리적 해결방안의 관점에서 표현되는데, 예를 들어 "섭씨 16도에서는 에어컨을 끔" 등으로 제시된다. 대부분의 인증프로그램에서 공통적으로 포함되어 있는 실행 분야는 다음과 같다: 환경정책, 물, 에너지, 고형쓰레기, 구매(purchasing), 폐수, 수송(transport and traffic), 소음, 배출가스, 경관과 주변 환경, 시설설계와 건설, 문화유산, 지역 환경운동과의 협력, 고객과의 의사소통, 직원 훈련, 기타 환경적 그리고 건강상의 고려사항 등이다.

그런데 첫 번째와 두 번째 단계에서 공통적으로 유의해야 할 사항은 관련 이해관계자와 전문가의 의견을 충분히 수렴하여 목표를 수립하고 또 기준의 내용을 확정해야 한다는 것이다. 스페인의 발레아레스제도에서 시설(숙박시설)과 대상지에 대해 인증하는 "Ecotur"는 효과적이고 현실적인 기준 작성을 위해 숙박업체를 대상으로 상세한 설문조사를 실시한 후에 인증제도 기준을 마련하였다. 또 호주의 인증제도(NEAP)는 연방정부에 의해 추진되었으나 기준은 정부대표와 산업체 그리고 비정부단체들이 서로 협력하여 수립하였고, 범세계적으로 적용하는 "ECOTEL"은 한 개인기업(HVS Eco Services)에 의해 추진되었으나, 기준은 미국 환경보호기관(US environmental Protection Agency)과 로키마운틴연구소(Rocky Mountain Institute)에 의해 마련된 기존 기준들과 환경전문가들의 의견을 수렴하여 최종 결정하였다.

이상의 두 단계를 거친 후에는 세 번째 단계로 기준의 실행 스케줄을 마련하는 것이다. 인증을 부여하기 위해 반드시 실행되어야 하는 필수기준도 있지만, 특정 기준을 충족시킬 얼마간의 시간을 주는 유예필수기준, 그리고 선택기준도 있어야 한다. 유예 필수기준은 지원자가 향후 기술적 혹은 재정적 자원이 호전되었을 때 실행에 옮길 수 있는 시간적 여유를 제공하는 것이며, 선택적 기준은 지원자가 해당 사항을 향후 실행에 옮길 수 있음을 분명히 보여줌으로써 강한 동기를 유발하는 역할을 한다. 예로 덴마크에서 숙박시설 인증을 위해 시행되는 "The Green Key"는 유예 필수기준을 가지고 있는데, 지원자는 채택된 행동을 실행에 옮기기 위한 명확한 시간계획을 기술한 상세 행동계획서를 제출한다.

④ 기준과 관리안에 대한 협의

협의는 기업의 욕구와 능력에 비추어보았을 때 에코라벨 제안서가 타당하게 작성되었는지를 확인할 수 있는 매우 중요한 단계이다. 협의과정은 두 단계에 걸쳐 이루어질 수 있다. 첫 번째 단계는 선택된 기준들을 사전 검증하는 것이다(Font et al., 2001b). 즉 기업들이 이러한 인증프로그램이 기대하는 바가 무엇인지를 이해하고 있는지, 실제 실행에 옮기고 있는지, 또는 그러한 기준들을 실행에 옮길 수 있다고 생각하는지 등을 파악하는 것이다.

두 번째 단계는 에코라벨 및 에코라벨 관리제안서의 타당성을 협의하는 것이다(Font et al., 2001a). 이 과정에는 기업들이 에코라벨을 이용할 의사가 있는지부터 시작해 에코라벨이 주는 편익 인식, 적용 방법과 비용, 검증수단, 검증 기간 등의 내용이 포함되어 논의된다. 따라서 에코라벨 개발기관은 신청자가 이용할 수 있는 정보, 예컨대 훈련코스, 리플릿과 뉴스레터, 실행 매뉴얼, 업데이트사항 등을 개선하고 인증제도 참여에 따라 얻을 수 있는 편익을 더 많이 인지할 수 있도록 하는 방안을 강구할 수 있을 것이다.

⑤ 협의를 통해 사례연구 개발

우수사례연구는 자료수집을 위해 현장조사를 나가야 하는 등 시간과 비용이 요구되는 문제가 있지만 새로운 에코라벨을 현실에 성공적으로 도입하기 위해서는 매우 중요한 작업이다. 사례연구의 내용은 신청자를 위한 매뉴얼에 포함시키거나 별도의 내용으로 출판하여 제공할 수 있다.

⑥ 시스템 매뉴얼의 사전실행과 양도

에코라벨을 시범적으로 적용해보는 사전실행단계는 에코라벨 개발과정에서 매우 중요한 과정이다. 이는 잠재이용자가 에코라벨의 내용을 이해하고 있는지를 검증하는 단계이기 때문이다.

사전실행 단계는 다음과 같은 두 가지 방식으로 이루어질 수 있다. 첫 번째 방식은 몇 개 소수의 관광기업을 샘플로 선택하여, 에코라벨 개발팀이 직접 참여하여 필요한 도구와 각종 지원을 제공하면서 이들이 에코라벨을 제대로 적용하는지를 검증하는 방법이다. 두 번째 방식은 에코라벨 개발팀이 1개 관광기업만을 선택하여, 이들이 제시된 기준과 매뉴얼에 맞추어 실제 운영 관리에 적용하는지를 평가하는 방법이다.

어느 방식을 사용했든지 간에 사전실행의 결과가 평가되고 나면, 필요한 사항을 매뉴얼에 추가한다. 이상의 단계를 거쳐 최종 매뉴얼의 초안이 일단 만들어지면, 다음 단계는 에코라벨을 실행에 옮길 수 있도록 인쇄하는 작업만이 남게 된다.

⑦ 검증자를 위한 매뉴얼 작성

검증자를 위한 매뉴얼은 신청자를 위한 매뉴얼, 검증기준, 검증절차 등을 포함한다. 검증자는 신청자를 위한 매뉴얼 내용을 이해해야 하는데, 이는 신청자가 기준을 달성하기 위해서 해야 하는 행동이 무엇인지 이해하기 위해서이다. 검증과정은 현장이나 실내 혹은 두 환경 모두에서 이루어질 수 있다(Font and Tribe, 2001). 특히 현장방문은 검증자가 신청자의 현재 상황을 확인하는 데 더욱 도움이 될 뿐 아니라 관광매력물, 호텔, 공원, 항공편 등등의 상황을 확인하는 데도 유용하게 이용된다.

(3) 관리와 마케팅 단계

앞의 2단계를 통해 에코라벨의 주요 수단과 구조가 개발되었다 하더라도 여전히 제안서를 진척시키기 위한 여러 가지 요소들에 대한 고려가 필요하다. 에코라벨을 준비하는 최종단계에서는 잠재 수여 대상자들과 자금, 용어, 상황 등을 협상하면서, 에코라벨 운영비용을 산정하고 관련된 실행차원의 문제들을 논의하는 일을 수행한다. 에코라벨 제안서에 대한 마케팅은 일반대중과 관심 있는 이해관계자들, 그리고 잠재 수여자들에게 에코라벨을 알리는 작업이다.

① 에코라벨 관리비용의 산정

에코라벨을 운영하는 비용은 사무소 운영비용, 검증비용, 지역적 또는 (적용 가능할 경우) 국제적 조정비용, 마케팅비용 및 홍보 및 이벤트 비용 등으로 요약될 수 있다.

초기에는 이들 비용이 정부나 기타 기관의 후원으로 충당될 수 있으나, 장기적으로 에코라벨의 지속가능성을 보장할 수 있도록 스스로 비용충당이 가능한 비즈니스모델을 구축해야 한다.

② 잠재 수여기관과의 협상

실제 에코라벨을 운영하고 검증하기 위해서는 전문지식이 필요하며, 이에 따라 인증 수여기관과 검증기관이 서로 다른 주체들로 구성될 수 있다. 즉 첫 번째 형태는, 인증을 수여하는 기관과 검증기관이 별도로 존재하되 서로 협력하는 구조이다. 유럽의 청정해변에 부여되는 'Blue Flag'는 유럽환경교육재단의 책임하에 운영되지만, 유럽연합 회원국에 있는 여러 공신력 있는 비정부단체들과 파트너십을 맺고 있어, 그들 각 나라에서의 인증과 관련된 작업은 협력자인 비정부단체들이 담당한다.

또 다른 접근법은 에코라벨 개발자가 곧 인증주체로 역할을 하는 것이다. 가장 간단하며 빨리 진행할 수 있고 비용 면에서도 가장 효율적인 방법이다. 그러나 검증과 관련된 권위나 신뢰성이 떨어질 수 있으며, 다른 국가에까지 적용하는 데는 단체 간 네트워크 형성이 쉽지 않아 적용범위에서 개발자가 속한 국가로 한정될 가능성이 크다.

개발된 에코라벨이 빨리 그 명성을 얻기 위해서는 에코라벨만의 강한 상징이 필요하다. 이를 위해서 이미 공신력 있고 잘 알려진 기관과 협력하거나 새로 개발한 에코라벨만의 독특한 이름(prototype name)과 로고(logo)를 사용하는 것도 한 방안이 될 수 있다.

③ 마케팅 · 출판 · 보급

개발한 에코라벨을 널리 알리기 위한 전략이 강구되어야 한다. 가장 우선은 웹사이트를 개발하고 운영하는 전략이 가능하다. 웹사이트는 정기적으로 업데이트시켜야 하고, 짧은 웹 주소를 사용하고 대규모 검색 엔진에 등록을 해두어야 한다.

관련된 학술정보를 저널 등을 통해 알리고, 신문이나 잡지 등도 최대한 활용하여 지속적으로 정보를 제공해야 한다. 이외에 컨퍼런스를 개최하는 것도 효과적인 방법 중의 하나이다.

3) 시행 및 모니터링 절차

지금까지 설명한 단계에 의해 인증제도가 마련되고 다양한 수단으로 마케팅활동이 이뤄지면 실제로 지원자가 인증을 받기 위해 인증제도 틀 안으로 들어오게 된다. 그러나 이렇게 하기 위해서는 지원자에게 충분한 정보가 제공되어야 하는데, 다음과 같은 사항이 필수적으로 포함되어야 한다.

지원자에게 제공되는 정보
- 인증시스템에 대한 일반적 소개(특히 신청자와 환경에 대한 편익 강조)
- 인증시스템의 규칙, 특히 등급체계와 비용, 논쟁 조정을 위한 규정, 신청 처리시간, 비용에 포함된 서비스, 연락주소 등
- 신청과정 중 도움을 제공하게 될 연락번호
- 자격부여 기준
- 매뉴얼이 동반된 신청서류 등

이렇게 제공된 정보를 통해 지원자는 신청서류를 구비하여 인증심사를 신청하게 된다. 이때 지원자가 제출할 관련정보는 다음과 같으며, 제출된 서류를 통해 1차적인 서면평가가 이루어진다.

지원자가 제출하는 정보
- 지원자의 신상명세서(사업과 관련된 사항)
- 지원자의 환경적 실행 수준 (체크리스트가 일반적으로 사용됨)

〈표 7〉은 지원자가 심사를 받기 위해 제출하는 서류 중의 하나인 자체 체크리스트의 예를 덴마크의 "The Green Key"의 사례로 보여주고 있다. "The Green Key" 에코라벨은 1994년부터 시행되었으며, 호텔, 유스호스텔, 야영지, 휴가용 별장 등과 같은 숙박시설을 인증하는 제도이다.

〈표 7〉 지원자 제출용 체크리스트

예: The Green Key의 세탁과 청소 체크리스트

수건 교환은 고객 요구에 의해서만 이루어진다는 내용을 욕실에 공지해야만 합니다.

– 상기의 내용을 공지하셨습니까? 예_____ 아니요_____
————————————————————————————————————
청소 약품은 현존 증거자료에 따라 환경과 이용자에게 부정적 영향을 최소로 미치는 용량으로 사용해야만 합니다.

– 어떤 청소 약품을 사용하십니까?
– 청소업체를 이용하십니까? 예 _____ 아니요_____
– 만약 "예"라고 응답하였다면, 청소업체의 이름을 적어주십시오.

이 서류를 THE GREEN KEY로 보내실 때 청소업체로부터 받은 물품 목록을 첨부해 주십시오.
————————————————————————————————————
세제는 현존 증거자료에 따라 환경과 이용자에게 부정적 영향을 최소로 미치는 용량으로 사용되어야만 합니다.

어떤 세제를 사용하십니까?
세탁소를 이용하십니까? 예 _____ 아니요_____
– 만약 "예"라고 응답하였다면, 세탁업체의 이름을 적어 주십시오.

출처: UNEP (1998. p. 20)

지원자에 대한 평가는 확인(verification)과 평가(evaluation) 과정으로 나누어진다. 확인과정은 지원자로부터 제공된 정보들이 확인될 필요가 있는지를 결정하고 만약 확인과정이 불필요하다고 판단되면 바로 평가과정으로 들어가게 된다. 확인과정은 인증 프로그램 운영자가 직접 조사를 수행하거나 전문 컨설턴트나 회사에 대행을 의뢰할 수 있다. 예를 들어 GREEN GLOBE 21 인증을 위한 확인과정은 The Societe Generale de Surveillance에 의해 140개 국가에서 행해진다. 또 확인과정은 현장방문, 증거자료 제출(justificative material), 소비자피드백, 추천자에 의한 보증(예: 호주의 NEAP), 신청자와의 직접 인터뷰(예: ECOTEL 의 첫 번째 확인과정은 신청자와의 전화인터뷰로 실시됨) 등의 방법을 통해 이루어진다.

확인과정이 끝나면 그다음 과정인 평가과정으로 넘어가는데, 평가는 정성적 평가와 정량적 평가로 구분할 수 있다. 정량적 평가는 각 기준의 실행이 갖는 환경적 중요성에 기반을 두고 각 기준에 특정 점수를 부여하여 이에 따라 해당 평가대상을 평가하는 것(예: ÖKO Grischun)을 말하며, 정성적 평가는 평가단의 판단에 의존하는 방법이다. 평가의 결과는 등급으로 제시되기도 하는데, 예를 들어 스코틀랜드의 Green Tourism Business Scheme은 Bronze, Silver, Gold 등의 세 개 수준으로 구분하며, 호주의 NEAP은 인증(Accreditation)과 우수인증(Advanced Accredita-tion)으로 구분한다. 〈표 8〉은 스위스 Grabunden 지역의 숙박시설 및 농장음식 인증제도인 ÖKO Grischun의 정량적 평가의 예를 보여주고 있다.

인증 받은 시설이나 대상지 혹은 투어프로그램은 모니터링 단
계를 통해 인증 기간 동안 평가가 계속되는데, 모니터링은 대상
지를 직접 방문하거나, 방문객으로부터의 피드백, 제3자에 의한
모니터링, 또는 인증 받은 주체에 의한 자체 모니터링 등으로 행
해진다.

〈표 8〉 스위스 Grabunden ÖKO Grischun의 정량적 평가 예

기 준			점 수
		수영장 물의 환경 처리	−5
		에너지 소비 최소화	−5
		대기 및 소음 합계	**−23**
대기/소음	대기오염	대기오염 합계	−13
		객실 내 원활한 공기순환	−5
		객실 내 낮은 대기오염	−3
		배출가스 최소화	−5
	소 음	소음합계	−10
		불필요한 소음의 부재	−5
		법규 순응	−5
		에너지 합계	**−55**
에너지	난 방	난방합계	−20
		적정 난방 배치	−10
		환경친화적 난방 수단 이용	−10
	에너지 소 비	에너지소비합계	−35
		에너지 통계의 이용가능성	−10
		장치에 의한 합리적인 에너지 이용	−5
		잘 설계되고 효과적인 조명	−5
		적정 물 온도	−5
		외풍(draughts) 감소	−5
		환경친화적 냉방	−5
		연회 합계	**−84**
연 회	메 뉴	메뉴합계	−54
		지역 및 유기농 생산물 이용	−20
		음식생산물의 구매를 위해 품질증명 강조	−10
		신선하고 계절 생산품 이용	−10
		채식주의자를 위한 메뉴	−3
		일품요리(complete meals)에 우선순위 부여	−5
		장시간에 걸쳐 건너온 해외 생산물의 이용 피함	−3

출처: UNEP (1998, p.24)

3. 친환경관광인증제도의 공통요소[7)

관광 분야에서 시행되고 있는 서로 다른 인증프로그램이라 할
지라도 적어도 다음의 6가지 요소는 공통적으로 포함하고 있다.
이들 공통 요소는 자발적 가입, 로고사용, 법규에 부합되는 기준
혹은 이를 초월하는 기준, 지속가능개발에 대한 공약, 평가와 감
리, 그리고 멤버십과 요금 등이다. 각각의 요소를 구체적으로 살
펴보면 다음과 같다.

1) 자발적 가입

모든 인증프로그램은 자발적인 참여를 통해 운영된다. 보통 의
무로 행해야 하는 환경영향평가와는 달리, 사업체들이 인증을 받
을 것인지의 여부를 결정할 수 있다. 만약 인증에 참여하겠다고
결정하면, 대부분의 경우 신청자는 평가와 서비스에 대한 대가를
지불하게 된다.

한편 정부 혹은 인증시행기관은 홍보 및 각종 마케팅 활동을
통해 인증참여를 장려하고, 민감한 지역에서는 인증되지 않은 회
사와 계약을 하지 않는 등의 조치를 취할 수도 있다.

---

7) Honey and Rome (2001)의 p.51~p.58 내용 중에서 본서에 필요한 부분
을 발췌 정리하였다.

2) 로고사용

어떤 프로그램이든 소비자에게 눈에 띄도록 하고, 시장에서 자신의 상품이 차별성을 확보할 수 있도록 로고나 표시, 상을 이용한다. 대부분의 경우는 인증을 받고 난 후, 로고를 사용할 수 있지만 GREEN GLOBE 21은 인증을 위해 공식적으로 위원회에 회부될 때부터, 어떤 활동을 실행하거나 평가의 대상이 되기 전에 사업장이나 해당 목적지에 로고를 사용할 수 있다(Honey and Rome, 2001).

대부분의 인증프로그램이 성취수준에 따라 서로 다른 로고를 부여한다. 호텔, 여관, 리조트 등 숙박시설에서의 친환경적 실행을 평가하는 "ECOTEL"은 매우 복잡한 시스템을 가진 제도 중 하나이다. 5개의 부문에 대해 각기 다른 로고를 부여하고 각 로고는 다시 세 등급으로 구분돼 점수가 매겨진다. 5개 평가 부문은 고형쓰레기 관리, 에너지 효율성, 수질보전, 고용인 환경교육, 환경위원회 등이다. GREEN GLOBE 21이나 NEAP 등도 서로 다른 로고를 부여한다.

3) 법규 부합 기준 혹은 법규 초월 기준

모든 인증프로그램은 적어도 지역적, 국가적, 국제적인 법규를 따르고, 해당 산업이 요구하는 기준을 갖추어야 한다. 기준은 평가 및 모니터링의 절차와 요구되는 기술적 지원 형태 및 지식

유형과 수준 등을 포함해 인증프로그램에 영향을 미친다. 일반적으로 지속가능관광과 생태관광에 있어서는 법률에서 요구하는 수준 이상의 기준이 적용된다.

법규는 본질적으로 국가마다 엄격함이나 집행 측면에서 서로 다르다. 예를 들어 아프리카, 아시아, 남미의 가난한 국가들에서 관광이 빠르게 확장되고 있지만 정부의 규제는 약하다. 이런 경우 인증제도는 협력을 증진시키고, 협력관계를 확실하게 하는 데 도움이 될 수 있다. 법적 규제가 약할 경우 인증제도는 오히려 더 높은 기준을 적용시킬 수 있는 계기가 되며, 이해관계자 간 협력을 증진시키고 그러한 협력관계를 보다 확실하게 하는 데 도움이 된다고 보고된다. 그러나 국가의 특성에 따라 차이가 있을 수 있다.

4) 지속가능한 개발 공약

인증을 받는 모든 관광산업은, 비록 지속가능한 개발에 필수적인 수행과는 다소 차이가 있더라도 지속가능한 관광에 대한 그들의 공약을 폭넓게 성명서로 발표하게 된다. 관광 인증프로그램에 관여하는 기업들, 특히 지속가능한 관광이나 생태관광에 참여하는 기업들은 수질 혹은 대기의 질, 폐기물 이용과 에너지 이용과 관련된 기업 내부의 경영정책뿐만 아니라 환경보전과 대상 지역사회에 미칠 수 있는 영향 또한 포함한 보다 포괄적인 공약을 제시해야 한다.

5) 평가와 감리

모든 인증프로그램은 평가를 통해 로고를 부여받는다. 평가 절차는 자체평가 외에도 유관기관(예: 기업연합체) 그리고 제3자(예: 독립된 평가기업, NGOs, 또는 정부기관)에 의해 이루어질 수도 있다. 여전히 자체평가로 이뤄지는 평가시스템을 갖춘 인증제도가 있는데 자체평가의 신뢰성에 대한 우려로 인해 전문화된 평가기관 혹은 절차가 논의되고 있다. 이에 따라 세계적으로 200개의 인증기관이 있는데 대부분이 영리기관이다.

한편 평가와 감리 결과를 보다 공신력 있게 하기 위한 방안도 주요 논의의 대상이 된다. 대부분의 경우, 평가와 감리 결과가 일반에 공개되지 않는데, 코스타리카의 지속가능관광인증이 몇 안 되는 평가결과 공개 사례 중의 하나이다.

6) 멤버십과 요금

많은 인증프로그램들이 신청자들을 회원으로 가입시키고, 가입 후에는 가입비와 인증신청비 등을 받는다. 이 비용은 로고와 인증 받은 기업(혹은 지역사회)을 홍보하고 마케팅 활동을 하는 데 사용된다.

4. 친환경관광인증제도의 유형8)

친환경관광인증제도는 인증의 기준을 과정에 둘 것인가 성과에
둘 것인가에 따라 혹은 인증의 대상을 상품(예: 재화와 용역, 기
업이나 단체)으로 할 것인가 상품의 환경적 질(質)(예: 관광지)
로 할 것인가에 따라, 그리고 어떤 유형의 관광을 인증할 것인가
에 따라서 서로 다른 체계를 갖게 된다. 다양한 형태로 개발, 적용
되는 인증제도를 몇 가지 분류기준에 따라 구분하여 살펴보자.

1) 과정기반 인증과 성과기반 인증

관광 분야에서 적용되는 인증프로그램은 방법론적 측면에서
두 가지로 구분할 수 있다. 즉 인증의 대상이 과정 혹은 과정의
결과로 나타난 성과인가에 따라 구분되는데, 전자가 과정기반 인
증제도(process-based program)이며 후자는 성과기반 인증제도
(performance-based program)이다.

(1) 과정기반 인증 프로그램

과정기반 인증 프로그램은 말 그대로 과정 자체가 환경친화적
인 성과를 얻을 수 있도록 진행되는가의 여부를 평가하여 인증을
부여하는   것이다.   인증을   위한   기준은   환경경영체제

---

8) Honey & Rome(2001)의 보고서 내용을 기초로 필요한 자료를 추가하
   여 재구성하였다.

(Environmental Management Systems, EMS)가 기반이 된다. 현재 EMS는 관광 및 여행 산업 부분에서 폭넓게 적용되고 있는데, Green Globe나 IHEI(International Hotels Environment Initiative) 같이 전 세계적으로 알려지고 규모 역시 큰 관광인증프로그램들이 EMS에 기반을 둔 인증프로그램을 개발, 시행하고 있다.

　EMS가 실제로 어떻게 적용되는지를 국제호텔연합(International Hotel Association)의 사례로 살펴보자. 국제호텔연합에서는 에너지, 고형쓰레기, 물, 폐수 및 배출물 구매, 사업이슈 등 여섯 부문에서 "Green Health Check"를 하는데 각 부문에 대해 일련의 질문이 제시되고 회원 호텔에서는 각 질문에 대해 "예" 혹은 "아니요"로 응답하여 최종 평가를 한다. 에너지 부문에서의 체크리스트는 다음의 〈표 9〉와 같다.

〈표 9〉 국제호텔연합의 에너지 체크리스트

환경 체크리스트: 에너지	예	아니요
1. 사용하지 않을 때에는 모든 전기제품과 전깃불의 스위치를 끕니까?		
2. 건물을 사용하지 않을 때나, 건물의 일부분을 사용하지 않을 때, 에너지 공급을 중지합니까?		
3. 온도조절, 타이머, 조도 등이 최적 환경에서의 에너지 최소화를 가져올 수 있도록 조정되어 있습니까?		
4. 호텔 에너지 사용을 정기적으로 점검합니까?		
5. 에너지 소모가 매년 감소추세에 있습니까?		
6. 에너지 소모 감소를 위한 목표물이 설정되어 있습니까?		
7. 가장 저렴한 연료 소비율이 각각의 목적에 따라 사용되고 있는지를 점검하고 있습니까?		
8. 에너지 사용이 에너지 기준(벤치마크)이 비교되고 있습니까?		
9. 모든 에너지 설비가 10년 이하의 것입니까?		
10. 비용절감을 위해 저출력 에너지 전깃불을 사용하고 있습니까?		
11. 지난 3년간 에너지 감리가 수행되었습니까?		

출처: Honey & Rome(2001, p.24)

　세계적으로 가장 잘 알려진 인증제도 중의 하나인 ISO 14000 시리즈는 1992년 리우 정상회담 이후 지속가능한 개발에 대한 공공의 관심에 부응한 기업들의 대응책 중의 하나이다. 즉 국제표준화기구(International Organization for Standardization, IOS)에 의해 개발된 일반적인 표준의 발전된 시리즈로서, 기업 경영자들에게 환경에 미치는 영향을 관리할 수 있는 표준을 제공한다.

　이 중 ISO 14001 규격은 환경경영체제 사용을 위한 세부지침에 대한 규격이다. 한 기업이 ISO 14001 인증을 받았다는 것은 그 기업이 ISO 14001 규격의 요건에 근거하여, 환경경영을 기업 경영의 방침으로 삼고 구체적인 목표와 세부목표를 정한 뒤 이를 달성하기 위하여 조직 및 절차 등을 규정하고 인적, 물적 자원을 효율적으로 배분하여 조직적으로 관리하는 체제를 갖추고 지속적인 환경개선을 이루어 나가고 있다는 것을 의미한다.

〈표 10〉 환경경영체제에 관한 국제 표준화 규칙 : ISO 14000

국제환경규격(國際環境規格)은 ISO 14000 규격이라고도 한다. 환경경영체제에 관한 국제 표준화 규격의 통칭으로, 기업 활동 전반에 걸친 환경경영체제를 평가하여 객관적으로 인증하는 것이다. 기업이 단순히 해당 환경법규나 국제기준을 준수했는지를 평가할 뿐만 아니라 경영활동 전(全) 단계에 걸쳐 환경방침, 추진계획, 실행 및 시정 조치, 경영자 검토, 지속적 개선들의 포괄적인 환경경영도 실시하고 있는지를 평가한다.

1990년대 들어 환경보호를 위한 국제적 공동대응 필요성이 제기됨에 따라 1991년 유엔환경개발회의(UNCED)에서 ISO(국제표준화기구)와 IEC(국제전기표준회의)에 환경관리에 관한 국제표준 제정을 요청하였다. 1993년 ISO와 IEC는 SAGE(Strategic Advisory Group on Environment: 환경전략자문그룹)를 설치하고, 이 그룹의 건의에 따라 ISO/TC207(환경경영위원회)을 설립하였다. 1996년 9월 ISO 14001 국제규격이 제정되고 각국에서 ISO 14000 인증제도 실시를 시작하였다.

ISO 9개 기술위원회(Technical Committee: TC) 중 환경경영위원회가 연구 · 개발하는 규격은 다음과 같은 7개 부문이다. ① 기업 경영자가 환경보전 및 관리를 경영의 목표로 채택하여 기업 내 환경경영체제를 도입, 철저히 이행하고 기업의 환경경영성과를 정기적으로 이해관계자 및 제3자에게 공표하도록 하는 환경경영체제(EMS) ② 제3의 환경감리기관으로부터 인증을 받도록 하는 인증 및 감리 ③ 상품의 환경성 인증과 용어표시 내용의 확인방법 및 환경라벨에 대한 지침 ④ 기술개선을 위한 기법규격으로서 환경성과 평가 ⑤ 라이프사이클 분석 ⑥ 제품규격의 환경적 측면 ⑦ 환경용어 및 정의.

ISO 14000 시리즈란 ISO/TC 207에서 환경경영에 대한 규격화를 추진하는 규격들의 일련번호로서 표준화가 추진되고 있는 7개의 주제별로 10단위씩 번호가 부여된다. 이 중 ISO 14001 규격은 환경경영체제 사용을 위한 세부지침으로 1996년 9월에 제정되었고, 10월 보완규격인 환경감리 규격(ISO 14010, 14011, 14012)이 제정 · 공표되었다

출처: 두산세계대백과사전

(2) 성과기반 프로그램

성과기반 프로그램은 환경 측면에서의 기준이나 표준 혹은 벤치마크뿐만 아니라 사회문화적인 그리고 경제적인 요소까지도 고려하여 환경경영에 따른 성과를 평가하여 인증을 부여하는 제도이다.

오늘날 많은 인증제도가 성과에 기반을 둔 프로그램이거나 과정과 성과 모두를 평가하여 인증을 부여하는 복합프로그램이다. 성과에 기반을 두고 평가하는 시스템은 한 국가 혹은 국가 내 지역 단위에 적용되는 인증제도에서 주로 채택되어 적용된다.

또 기준 달성 여부를 확인하는 상품이나 서비스 평가 및 감리 업무는 주로 독립된 제3의 기관이 계약을 맺고 수행하는 경우가 많다.

성과표준은 기업들이 자신의 기업은 물론 그들의 영향력이 미치는 광범위의 지역사회에 최대의 경제적 환경적 편익을 가져다 줄 수 있도록 기술 부문에 투자하도록 유도한다. 성과표준의 적용은 중소규모의 기업에 적용하기가 더욱 용이하다. 성과기반 프로그램의 대표적인 예는 유럽의 Blue Flag, 캐나다 서스캐처원주(Saskatchewan의 Horizons) 등을 들 수 있다.

앞에서 설명한 과정을 성과와 함께 복합적으로 적용하는 인증제도는 호주의 NEAP, 갈라파고스 섬의 SmartVoyager, 코스타리카의 지속가능관광인증(CST) 등을 들 수 있다.

2) 에코라벨과 에코품질라벨

관광에 에코라벨을 부여하는 것은 공산품에 에코라벨을 부여하는 체계와 다르다. 관광 상품은 공산품과 달리 다양한 요소들이 복합되어 나타나기 때문이다. 관광객의 입장에서, 자연환경과 사회문화환경이 갖고 있는 질(質)은 관광 상품이 갖고 있는 중요한 한 부분이다. 따라서 관광객에게 있어 에코라벨은 환경에 대한 영향을 최소화시키는 것만을 의미하는 것이 아니라 관광지 환경의 질을 의미한다. 이에 따라 인증의 유형은 관광 상품에 대한 인증과 각 상품의 질에 대한 인증의 2가지 경우를 생각해 볼 수 있다(Mihalic, 2001).

상품에 대한 인증은 재화 및 용역에 대한 평가로, 이에 대한 수요와 공급을 자극하는 것인 데 반해, 상품의 질에 대한 인증은 환경의 질을 측정하여 소비자의 여행 동기를 만족시키는 것을 목적으로 한다. 다시 말해 관광 대상지에 주어지는 라벨은 환경의 질에 대한 평가이며, 관광공급자에게는 주어지는 라벨은 환경적 수행에 대한 평가인 것이다. 이것을 에코품질라벨과 에코라벨이라 명명했을 때 이 둘의 특성을 비교하면 〈표 11〉과 같다.

에코라벨의 대표적인 예는 호주의 NEAP이며, 에코품질라벨의 대표적 예는 Blue Flag를 들 수 있다. 한편 Green Globe 21이나 독일 회사 TUI에서 제공하는 인증은 대상지의 질과 운영자 수행 성과 둘 다를 커버하는 인증제도이다(Buckley, 2001a).

〈표 11〉 에코라벨과 에코품질라벨

요소	에코라벨(ecolabel)	에코품질라벨(eco-quality label)
측정	환경영향: 거주지/경유지/대상지에서의 영향 (대기의 질, 수질 등에 대한 영향)	환경의 질: 대상지에서의 환경 질 (대기의 질, 수질 등)
평가	재화 및 용역 방법 및 절차	수질, 대기의 질, 소음, 시각적 오염도, 문화적 진실성 등
인증 부여	재화 및 용역 기업/조직(호텔, 여행사 등)	대상지 (장소, 해안, 리조트 등)
목적	환경적으로 건전한 잠재 소비자에게 정보 를 알림으로써 부정적인 환경영향이 적은 재화 및 용역의 수요와 공급을 자극	환경 품질향상과 보호가 목적으로, 관 광지 환경의 질을 잠재소비자에게 알 림으로써 환경 보호의 필요성을 자극
정보	직접메시지: 　환경적으로 건전하고 믿을 만한 관광 　상품/관광기업 유도메시지 1 　환경적으로 믿을 만한 대상지 유도메시지 2 　환경적으로 건전한 대상지	직접메시지: 　관광지 환경의 질(깨끗한 물, 훼손되 　지 않은 동식물 등) 유도메시지 1: 　환경적으로 건전한 대상지 유도메시지 2: 　환경적으로 믿을 만한 대상지
가정	소비자는 환경 문제를 인식하고 환경에 미치는 영향이 보다 적은 상품을 선택한 다. (전제: 소비자는 환경보호에 기여하고자 하는 사람이다)	소비자는 관광지의 환경오염수준에 대한 정보를 획득하고 환경의 질이 우수한 지 역을 선택한다. (전제: 소비자는 자신의 여행 동기를 만족시키고자 한다)
시장 효과	소비자는 환경에 미치는 영향이 적은 재 화 및 용역을 선호한다.	소비자는 환경의 질이 우수한 대상지 를 선호한다.

출처: Mihalic(2001)

3) 대중관광, 지속가능관광, 그리고 생태관광 인증

친환경관광 또는 관광에서의 지속가능성 추구는 생태관광을 비롯한 대안관광에서뿐만 아니라 지금까지 주류를 형성해 왔던 대중관광과 다양한 형태로 발전되어 온 여러 다른 관광에서도 동일한 목표가 되어야 한다. 따라서 친환경관광 또는 관광에코라벨의 적용범위는 대중관광에서부터 생태관광까지 모든 관광시장을 포함한다. 각각의 서로 다른 시장에서 친환경성이 어떤 식으로 평가되어 인증을 받게 되는지를 살펴보자.

이때 각 유형의 관광을 명확히 정의하고 구분하여야 이들 관광에 대한 인증제도 역시 뚜렷이 구분될 수 있다. 각각의 관광유형에 대한 인증제도를 다시 설명하고 있으나, 우선 하나의 표로 이들 간의 개념 구분을 명확히 한 후 각론으로 들어가자.

〈표 12〉 대중관광, 지속가능관광, 생태관광 및 유형별 인증제도의 개념 구분

대중관광(혹은 주류관광): "대량의 사람들이 참여하는 관광으로, 주로 표준화되고 패키지화되어 융통성이 제한된 관광"(박석희, 2001, p.68)을 말한다. 대중관광 인증제도: 대중 시장이나 전통적인 관광산업에 종사하는 기업들을 대상으로 한 인증프로그램으로, ISO 14001 등과 같은 환경경영체제(EMS)에 기반을 두고 개발되며, 평가되는 기업의 내부적인 요소 즉 물리적 시설, 상품 또는 서비스에 초점을 맞추어 평가가 이루어진다(Honey and Rome, 2001).

> 지속가능한 관광: 미래세대를 위한 기회를 보호하고 증대시키면서 현재의 관광객 및 관광지의 욕구를 충족시키는 관광이며, 문화적 통합, 본질적인 생태적 천이, 생물다양성, 그리고 생명유지시스템 등을 유지하면서 경제적, 사회적 그리고 미적 욕구를 실현할 수 있도록 모든 자원을 관리하도록 직시하는 관광을 말한다. 지속가능한 관광 상품은 지역의 환경과 지역사회 그리고 문화가 서로 조화를 이루면서 영구적으로 편익수혜자가 될 수 있도록 운영되는 상품이다 (WTTC, 1996).
> 지속가능관광 인증제도: 인증대상의 내부(기업, 서비스 또는 상품) 및 외부(주위 지역사회 및 물리적 환경)의 환경적, 사회문화적, 경제적 형평성 문제들을 평가하는 프로그램이다(Honey and Rome, 2001).
>
> 생태관광: 환경을 보전하고 지역 주민의 복지를 증진시키는, 자연 지역으로의 책임 있는 여행(TIES)
> 생태관광인증제도: 생태관광이라고 표현되는 기업, 서비스, 상품 등을 주로 환경적 사회문화적 경제적 성과기준에 기반을 두고 평가하는 프로그램이다.

(1) 대중관광 인증

대중관광 인증은 대중시장(mass market)이나 전통관광산업(conventional tourism industry)에 종사하는 기업을 인증하는 제도이다. 개별 사업체에 맞는 환경경영체제(EMS)(흔히 ISO 14001이나 그와 유사한 형태)를 설정하고 인증과 그에 따른 로고를 획득하기 위해 취해야 하는 단계들을 제시한다. 호텔을 예로 들면, 호텔이 현존 법규에 부합되도록 운영하고 관리하는지를 모니터하고, 개선 목표를 설정하여 설정된 기준에 부합될 뿐 아니라 그 이상의 "우수사례"가 될 수 있도록 지원한다.

대중관광 인증프로그램들은 환경친화적이며 비용을 절감할 수 있는 절차 그리고 혁신을 강조한다. 대중관광 인증프로그램은 흔히 프로그램 설계 및 성과에 관여한 주요 이해관계자 중 하나인 산업무역협회(industry trade associations)에 의해 개발되고 재정 지원을 받는다.

대중관광 인증은 특정 개별 단위(site-specific individual unit) 수준보다는 기업(호텔체인이나 여행사)이나 전체 대상지 수준에 적용된다. 즉 대중관광 자체가 워낙에 대규모로 개발되었거나 대량의 사람들이 이용하므로 인증의 범위 역시 광범위한 것이다.

대중관광 인증제도의 예로는 Green Globe 21과 Caribbean Alliance for Sustainable Tourism(CAST) 등을 들 수 있다. 그러나 실제로 Green Globe 21은 최근에는 대중관광뿐만 아니라 지속가능관광과 생태관광 영역까지도 확장하여 인증하고 있다. 즉 관광의 모든 분야를 포괄하여 인증함으로써, 명실 공히 관광 분야의 대표적인 친환경인증제도로 발전하고 있다.

결론적으로 대중관광 인증프로그램은 가장 협소하고, 가장 최소한의 효과를 가진 인증 모델이지만, 전형적으로 재정이 가장 잘 확보되어 있으며, 가장 잘 알려져 있고 또 시장에서 가장 높은 비중을 차지한다. 그럼에도 불구하고 대중관광의 친환경성 인증프로그램은 부분적인 "녹색" 개혁을 유도할 수는 있으나 대중관광을 지속가능한 관광으로 발전시키기 위한 더 많은 제도적 보완이 필요하다.

(2) 지속가능관광 인증

지속가능한 관광 인증 프로그램은 내부적(기업, 서비스, 상품)으로나 외부적(주변 지역사회, 물리적 환경)으로 환경적, 사회문화적, 경제적인 형평성 문제를 평가한다. 평가는 주로 성과기반체계에 기반을 두고 평가하는데, 제3자에 의해서 혹은 다양한 이해관계자들과의 협의를 통해 만들어진 질문지를 이용해 이루어진다.

대부분의 지속가능한 관광 인증은 대중관광 인증(ECOTEL)과는 달리 호텔이나 숙박시설 등의 개별 사업 혹은 세부 단지 수준을 포함한다. 따라서 코스타리카와 같은 독특한 지리적 특성을 지닌 지역이나 특정 산업 부문(예를 들어 해변이나 항구를 인증하는 Blue Flag) 모두를 포함한다.

지속가능한 관광 인증의 기준은 자연, 역사, 문화 모두를 포함하고 있을 뿐 아니라 사업 내·외부의 성과에 초점을 맞추기 때문에 지속가능성에 있어서 보다 총체적인 접근을 가능케 한다. 이러한 지속가능한 관광 인증제도의 예로는 코스타리카의 지속가능관광인증(CST)과 유럽의 Blue Flag를 들 수 있다.

(3) 생태관광 인증

생태관광 인증은 자연 지역 혹은 그 주변 지역에 적용되며, 원시상태의 훼손되기 쉬운 생태계 보호를 목적으로 한다. 지속가능한 관광 인증과 마찬가지로, 생태관광 인증은 개별 사업 혹은 특

정 사업에 초점을 맞춘다. 그 기준은 특정 국가, 주, 지역의 상태
에 맞추어 설정되고 소규모에서 적용된다.

대중관광 인증이나 지속가능한 관광 인증이 지역 토지의 소유
권이나 사업의 소유권 여부에 관심을 두지 않는 반면에 생태관
광 인증프로그램은 지역 내부의 경제력을 이용해 지속가능한 개
발을 추진하고자 하므로 지역 소유권을 매우 중시한다.

주류관광에 대한 단순한 "녹색 표준"도 에너지 소비와 쓰레기를
줄일 수 있다. 그러나 생태관광 표준은 생태 효율성의 문제를 넘어
국가적, 지역적 차원에서 이해관계자 간 관계에 더 책임 있게 접근
한다. 생태관광에서는 기업이 보호지역의 보전에 어떻게 기여하며
어떤 메커니즘이 지역 주민에게 이익을 주는지가 관건이다.

호주의 NEAP는 생태관광 인증프로그램의 가장 좋은 사례이다.
NEAP는 생태관광을 자연관광과 구분할 뿐만 아니라, 생태관광에
서도 수준을 구분하여 총 세 수준으로 인증한다. 이러한 점에서 호
주의 NEAP는 국제생태관광학회, 열대우림동맹(Rainforest
Alliance), 생태관광 전문가, 환경주의자, 지역으로의 권한위임을
주창하는 지지자 등으로부터 매우 선호되고 있다.

한편 생태관광인증제도는 생태관광의 세 주축 즉 관광객과 관
광지 지역사회, 그리고 생태관광 기업이 어떻게 행동하느냐에 따
라 그 영향력이 달라진다. 세 주축의 이해관계자가 인증제도를
보다 합리적으로 또 바람직한 방향으로 이용할 때에 생태관광인
증제도로부터 얻을 수 있는 편익은 증대될 것이다. 그러나 생태
관광이라는 이름과 마찬가지로 인증제도의 오용이나 남용은 그

에 따른 비용 역시 증대시킬 수 있다.

　관광의 수요자인 생태관광지 방문객은 인증제도의 정보를 통해 품질이 보장된 관광지를 개인의 여행 동기에 따라 생태관광지를 선택할 수 있으며, 관광지에 대한 신뢰감을 형성할 수 있고, 환경보호에 대한 책임감을 가질 수 있다.

　관광지를 제공함으로써 지역 경제의 활성화를 꾀하고자 하는 공급자인 지역 주민과 생태관광 경영자는 인증제도가 사업 시행의 지침이 되어, 사업의 방향을 맞추어 나갈 수 있으며, 지속가능한 자원관리를 꾀할 수 있는 사업시행자를 양성할 수 있는 기반이 된다. 한편 관광지의 홍보효과를 누릴 수 있게 됨과 동시에 공급을 적절히 조절할 수 있게 되어, 환경관리수단으로서는 물론 마케팅의 수단으로도 이용할 수 있다. 또한 우수한 생태관광 사업자를 보다 널리 알리고, 지속적으로 성장할 수 있도록 보호한다. 자원보전의 관점에서 생태관광인증제도는 관광지 조성으로 인한 자연자원의 에너지 소모를 최소화하고, 환경보전이라는 생태관광의 목적을 살릴 수 있게 된다(김성일과 강미희, 2002).

　이상의 내용을 생태관광의 편익과 비용이라는 측면으로 구분하여 정리하면 다음의 〈표 13〉과 같다.

〈표 13〉 생태관광인증제도의 편익과 비용

편 익	비 용
• 관광객에게 품질 보장 • 우수한 생태관광 사업자에 대한 인식과 보호 • 사업시행자를 양성하기 위한 가이드 실행지침 • 환경적으로 지속가능한 관광을 위해 중요한 문제 인식 • 친환경적인 기술도입 가속화 • 에너지 소모 최소화 • 관광사업자의 투자비용 감소 • 마케팅 수단과 환경관리 수단 • 효율적인 모니터링 수행효과 • 우수한 가이드의 차별성 제공 • 환경보전 목적 달성 • 생태관광 홍보 수단	• 인증기준 설정에 많은 비용 소모 • 이해 당사자 간 폭넓은 합의 없을 경우, 갈등과 반목 심화 우려 • 소규모 여행사는 인증에 따른 비용부담 과중 • 공식기관(정부) 외의 무분별한 인증기구 속출 우려와 관광객의 신뢰성 하락 • 국내 생태관광 시장의 미성숙으로 인증 설계 시점 판단의 어려움

출처: 환경부 (2002)

5. 친환경관광인증제도 적용의 문제점

1) 다양한 이해관계자

관광과 관련된 다양한 이해관계자들은 각기 다른 이유로 인증제도에 관심을 갖고 있다. 인증제도가 성공하기 위해서는 이들 이해관계자의 욕구가 골고루 반영되어야만 한다. 즉 인증제도를 통해 각 이해관계자가 얻고자 하는 결과물이 제대로 확보되어야 하는데, 이를 위해서는 이해관계자가 누구인지를 먼저 규명해야 하고, 그 이후에는 각 이해관계자가 얻고자 하는 것이 무엇인지를 파악해야 한다. 이로써 이해관계자의 욕구가 합리적으로 인증제도에 반영될 때, 인증제도는 폭넓은 지지를 얻으며 바람직한 결실을 맺을 수 있는 시스템으로 자리 잡을 수 있다. 포함 가능한 이해관계자의 유형 및 이들이 얻고자 하는 결과물 일부를 소개하면 다음과 같다(Honey and Rome, 2001).

• 공원관리자 및 환경보전주의자
전통적인 관광으로 인해 유발된 부정적인 생태학적 영향을 최소화시키면서 장기적으로 건전한 생태시스템 유지

• 관광사업자
인증 관련 기술적 조언을 통해 기준에 부합하는 기업경영을 실시하고 이로써 환경친화적 경영성과 달성. 에코라벨 확보를 통해 기업에 대한 소비자의 인식을 높여 시장을 확보하고 사업을 확장

• 국가
관광으로 인한 환경적, 사회문화적, 경제적 영향을 긍정적으로 변화시킬 수 있는 기준을 수립하고, 생태관광사업 등 친환경관광사업을 장려하고 인증확보를 통해 국제적 이미지를 높여 세계시장에 자국 관광을 판매함

• 지역사회
지역에 미치는 관광의 환경적, 사회문화적, 경제적 영향을 측정하고 개선하는 방법으로 인증제도 활용

• 소비자(관광객)
관광 재화와 용역을 평가하고 선택하는 수단으로 인증제도 활용

• 국제재정기관:
더 우수한 품질을 보장하고 현 법률규제를 보다 확실히 하는 수단으로 인증제도 활용

2) 소비자의 혼란

관광인증제도를 통해 예측이 어렵고 까다로운 소비자의 입맛을 다 맞추기는 힘들다. 그러나 여러 연구를 통해 소비자가 원하는 공통적인 사항이 환경에 초점이 맞춰지고 있음이 밝혀지고 있다. 소비자는 일반적으로 환경적으로 민감한 지역을 선택하는 경향이 있고 그에 해당하는 여행 동기를 상당 부분 갖고 있다. 독일의 한 관광회사인 TUI(Turistik Union International)는 환경의 질(質)이 "휴일의 필수 목록"임을 연구를 통해 증명하였다 (Middleton and Hawkins, 1998).

인증제도와 관련한 소비자 문제는 대략 다음의 세 가지로 요약해 볼 수 있다(Honey and Rome, 2001). 첫째, 대부분의 관광객들이 관광인증프로그램의 존재를 알고 있지 못하다는 것이다. Synergy Ltd(2000)의 연구에서 소비자의 1% 미만 정도만이 인증프로그램에 대해 알고 있는 것으로 나타났으며 TUI의 연구에서도 단지 소비자의 3.3%만이 Blue Flag를 알고 있었다(Honey and Rome, 2001). 둘째, 관광 인증에 대한 신뢰성이 낮다는 것이다. Green Globe 같은 경우에도 계속해서 그 형태가 변했으며, 인증프로그램을 측정하는 틀도 공식적으로 널리 받아들이지 못하고 있다. 전문가들은 인증프로그램에서 가장 중요한 부분은 신뢰성을 획득하는 것이라고 말하고 있으며, 인증제도에 대한 인식과 신뢰성이 인증프로그램에서 가장 중요한 것임을 강조한다. 셋째, 너무 많은 에코라벨이 소비자를 혼란스럽게 하며, 그로 인해 인증프로

그램이 효과가 나타나지 않게 된다는 것이다. 많은 국가에서 인증
프로그램 간의 중복문제와 경쟁이 문제를 유발하고 있다.

3) 기타 문제들

　소비자와 관련된 문제 외에도 인증제도와 관련해 해결해야 할
많은 문제들이 있다. 이들 문제들을 살펴보면 다음과 같다
(Honey and Rome, 2001).
　첫째, 관광 인증프로그램이 직면한 문제는 무엇인가? 목재나
커피와는 달리 관광산업은 지리학적으로 그리고 구조적으로 복
잡하고 세분화되어 있다. 관광산업 중 환경 훼손을 야기하는 부
분은 대부분 교통과 관련된 문제이다. 이들 부문에서 "녹색" 효
과를 만들어 내기는 매우 어렵다.
　둘째, 인증프로그램의 지리적 범위는 어떻게 확장되고 또 통합
될 수 있는가? 관광산업 부문에서 인증프로그램이 관여하고 있
는 부분은 상대적으로 아주 미미하다. 가장 잘 알려진 프로그램
으로 GREEN GLOBE 21, NEAP, CST, ECOTEL 등이 있지만,
여기에도 1천 명이 안 되는 회원이 있을 뿐이다. 명확한 것은 작
은 부분을 차지하고 있을 뿐만 아니라, 수평적으로도 널리 퍼져
있지 못하다는 것이다.
　셋째, 누구를 인증할 것인가? 이것은 인증의 대상이 기업이냐
개별 상품이냐의 문제이다. 인증프로그램의 대부분은 숙박시설에
초점이 맞추어져 있다. 숙박시설의 대부분은 개인이 소유하고 있

지만, 체인의 경우도 있으므로, 단지-상세(site-specific) 인증시스
템이 필요하다. 여행사업자는 많은 다른 패키지 상품을 팔기 때
문에 문제를 더 어렵게 한다. 여행사업자와 여행중개사는 다른
형태의 여행과 패키지를 준비하고 있어 이러한 경우, 회사 자체
가 인증을 받아야 하는지 개개의 여행 상품을 인증해야 하는지
에 대한 문제가 발생하게 된다.

넷째, 잘 계획된 지속가능한 관광 인증프로그램은 다음의 기준
들을 어떻게 포괄하고 또 균형을 맞추어야 할 것인가?: 가) 과
정기반과 성과기반, 나) "녹색"과 "회색" 환경 기준, 다) 기업 중
심의 기준과 지역사회 및 보전 중심의 기준.

다섯째, 인증과 인정 체계를 만들 때 참여해야 할 이해관계자
는 누구이며, 그들이 포함되기 위해 어떤 메커니즘이 필요한가?
실제로 모든 인증프로그램은 적절한 "이해관계자"를 포함해야
한다. 그러나 국제적으로 적용되는 인증이 더 많아짐에 따라, 지
역 이해관계자들은 적절하게 나타나지 않을 것이다. 또 관광 부
문에서 이해관계자들에 대한 정의가 명확하지 않으며, 국제적인
수준에서의 이해관계자들과 지역적인 수준에서의 이해관계자들
은 서로 다를 수 있어 혼란을 야기한다.

여섯째, 특히 소규모 기업이나 후진국 기업에서, 로고에 적용
될 수 있는 적절하고 효과적인 마케팅 전략은 무엇인가? 여러
가지 방안이 제시될 수 있는데 이중 인터넷과 웹사이트는 생태
관광 사업과 인증프로그램에 저렴하면서도 범세계적으로 접근
가능하다는 점 때문에 마케팅의 대중화에 기여하고 있다. 또 가

이드북, 여행잡지, ASTA(American Society of Travel Agents)
와 같은 협회를 이용하는 등의 마케팅은 믿을 만한 인증프로그
램이라는 인식을 줄 수 있다. 더하여 환경단체를 포함한 NGOs,
비영리 여행 프로그램, UN, WTO, 그리고 정부기관들은 모두 에
코라벨과 인증사업을 발전시킬 수 있는 디딤돌이 된다.

일곱째, 인증과 인정 프로그램은 어떻게 재정을 마련할 것인가?
여기서의 문제는 비용 면에서 효율적인 프로그램을 만드는 것이
다. 인증프로그램의 공적 혹은 사적인 재정 기반으로는 다음의 경
우를 들 수 있다: 정부지원, 대기업이 소규모 기업체에 장려금으
로 지급하는 인증요금, 인증 마크나 로고 등록과 타 프로그램에 의
한 마크 혹은 로고 사용에 대한 면허세 부가, 기준의 판매, 소비자
세금(예를 들면 항공세나 호텔과세), 지속가능한 실행을 증명하지
않은 사업에 대한 세금 등. 그 외 연구절차나 훈련매뉴얼 판매수익
금이나 인증된 사업에 대한 지도서나 가이드북을 출판하고 광고
제공을 통해서도 재원확보가 가능하다.

여덟째, 새로운 상품과 서비스가 지속가능성 기준을 충분히 충
족시킬 수 있도록 개발되기 이전에 이들 상품과 서비스에 대해
인증을 부여할 수 있는가? 개발 이전에 인증을 부여하기 위해서
는, 어떤 작업이 시작되기 전에(예: 시설의 경우 건축이 시작되
기 전에) 다양한 이해관계들과 환경적, 사회문화적, 경제적인 기
준을 설정하고 협상하는 과정을 거쳐야 한다.

Ⅳ. 호주의 생태관광 및 생태관광인증제도

국내에서 생태관광 용어에 대한 국민의 인식은 여전히 낮지만, 유사한 형태의 여행이 점차 확산되고 있으며, 지자체 단위에서도 생태관광을 통한 지역 활성화가 많은 곳에서 추진되고 있다. 그러나 생태관광 용어 사용 자체가 성공의 열쇠를 갖고 있는 것은 아니다. 무엇이 자연과 인간 모두를 위한 생태관광으로 이끄는지 호주의 생태관광 및 생태관광인증제도 사례를 통해 살펴보자.

1. 호주 생태관광 현황 및 관련기관의 역할

1) 호주의 자연관광 및 생태관광 현황

호주는 말 그대로 천혜의 자연자원을 가진 국가이다. 광대한 내륙의 오지, 7000개 이상의 아름다운 해변, 그리고 다양한 기후와 환경을 통해 다양한 욕구를 가진 관광객을 끊임없이 유혹하는 하나의 거대한 관광지이다. 이에 따라 자연을 기반으로 이루어지는 다양한 형태의 관광, 특히 생태관광은 호주 관광산업의 발전을 주도하는 주요소가 되고 있다.

실제로 해외관광객의 40% 이상이 그리고 1박 이상의 호주국내 관광객의 12% 이상이 국립공원을 방문하였거나 부시워킹(bushwalking)에 참여한 것으로 보고된다(http://www.industry.gov.au). 호주 국민의 자연관련 관광활동 참여율 역시 상당히 높은데, 2004년 8월에 조사된 자료에 의하면, 호주 국민의 90%가 과거 5년간 제시된 17개 자연 기반 활동 중 적어도 한 가지 이상에 참여한 경험이 있는 것으로 나타났다. 이들이 주로 참여한 활동은 야생동물 원 방문, 부시워킹, 야생동물관찰, 낚시, 스스로 관찰하는 여행, 그 리고 야영활동 등이다(Department of Industry, Tourism, and Resources, 2004).

2001년 호주생태관광협회의 추정에 따르면, 고수익을 올리고 있 는 규모가 큰 관광업체에서부터 소수의 직원과 가이드를 고용하고 있는 영세 관광업체에 이르기까지 전국적으로 2,935개 이상의 자 연관광 혹은 생태관광 운영자가 있으며, 이 중 전체의 27%인 794 개의 운영자가 퀸즐랜드 주에서 활동하고 있다. 퀸즐랜드 주에서 의 생태관광 성장은 사업체 종사자의 평가에서도 검증된다. 2000 년에 조사된 결과에 의하면, 생태관광 운영자의 64%가 생태관광 객 수가 증대되고 있다고 평가하며, 약 60%는 생태관광 상품 판매 증가를 실제로 경험하고 있다(Tourism Queensland, 2000).

이와 같이 호주의 자연관광 및 생태관광이 활성화된 것은 단 순히 천혜의 자연환경 때문만은 아니다. 중앙정부와 주 정부 그 리고 생태관광협회의 다양한 정책과 전략 그리고 그에 따른 실 행이 있었기에 가능하였다.

2) 생태관광 활성화를 위한 정부의 역할

호주 정부는 이미 1994년에 생태관광국가전략(National Ecot-ourism Strategy)을 수립하여 호주 나름의 생태관광 개념을 정의 하고, 생태적으로 지속가능한 원칙과 실행을 관광산업 전반에 적용시키고자 하는 목표를 포함해 총 12가지의 목표를 수립하였다. 또 현재는 크게 다양한 마케팅활동을 통해 대외적으로 호주의 생태관광을 알리는 전략을 실행하고 있다. 예를 들어 웹사이트 (www.australia.com)를 통해 여행동기별 그리고 대상지별 정보를 제공함으로써, 한국과 일본을 포함한 주요 해외시장에 호주의 생태관광 및 자연관광 경험을 판매하고 있다(http://www.tourism. australia.com).

주 정부의 노력은 호주 내 모든 주에서 찾아볼 수 있다. 그러나 그중 생태관광이 가장 활성화되어 있는 주는 퀸즐랜드이다. 관광산업은 퀸즐랜드 주에서 두 번째로 큰 수출산업이자 가장 빠르게 발전하고 있는 산업이다. 2004년을 기준하였을 때, 총 해외방문객의 43%가 퀸즐랜드 주를 방문하였다(Bureau of Tourism Rearch, 2005). Bureau of Tourism Research가 호주 국내외 방문객을 대상으로 조사한 결과인 호주내국인방문객조사(National Visitor Survey, 2001)와 호주외래방문객조사(International Visitor survey, 2000)에 따르면, 퀸즐랜드 주를 방문한 내국인 방문객의 46% 그리고 해외방문객의 80%가 생태관광이나 수영, 서핑, 다이빙 등의 야외활동, 국립공원 방문, 부시워킹, 열대우림산책 및 고래 혹은 돌고래 관찰 등의 활동에 참여하였다. 이런 활동이 가능한 이유는 퀸즐랜드 주가 호주의 총 14개의 세계유산 중 5개[9]를 보유하고 있는 자연 잠재력이 큰 지역이며, 아직 개발되지 않은 생태자원이 풍부한

---

9) Great Barrier Reef, Central Eastern Australian Rainforests, Australia's Tropical Rainforests, Fraser Island, and Riversleigh Fossil Fields.

곳이기 때문이다. 그러나 자연기반활동의 활성화를 꾀한 더 중요
한 원동력은 생태자원을 체계적으로 개발하고 관리하는 퀸즐랜
드 주의 생태관광 정책이다.

　퀸즐랜드 주 정부는 1997년에 "퀸즐랜드 생태관광 계획(Queen-
sland Ecotourism Plan)"을 수립하였으며, 최근에는 "Queensland
Ecotourism Plan 2003-2008"을 새로 수립하여 이전에 수립된 생태
관광 계획에서 제시된 생태관광의 비전과 정의를 새롭게 하였다.
퀸즐랜드 주 정부는 지속적인 관광객 조사를 통해 그들의 프로파
일과 욕구를 파악하여 이를 중심으로 관광시장을 세분화하고 적극
적인 마케팅 전략을 실행에 옮기고 있다.

〈표 14〉 호주생태관광국가전략의 비전과 목표

비전	국내외적으로 경쟁력 있는 생태적으로 문화적으로 지속가능한 생태관광 산업을 육성한다. 생태관광은 지역사회에 적절한 편익을 제공하면서 자원보전을 실현하여 환경적, 문화적 질을 유지, 증진시켜 국제적으로 모범이 된다.
목표	− 생태관광 계획과 개발, 관리에 영향을 미치는 주요 이슈 규명 − 생태관광사업자, 자연자원 관리자, 계획가, 개발업자, 중앙 및 지방 정부가 생태관광 비전을 실현할 수 있도록 도울 수 있는 국가차원의 체계 개발 − 이해관계자들이 비전을 실현할 수 있도록 정책과 프로그램 개발
생태관광개발목표	− 환경 보호와 관리: 연구, 계획, 모니터링, 통제 등을 통해 생태관광을 지지할 수 있는 자연자원과 관련 문화적 가치를 보호 − 생태관광산업 육성: 자연 지역을 즐기고 감상하고 이해할 수 있는 생태관광기회를 제공하는 시스템을 구축하고, 효과적으로 그리고 책임감 있게 이들 기회를 촉진 − 기반시설 개발: 생태관광원칙에 부합되는 한도 내에서 자연 및 문화 자원의 가치를 표현하고 보호하기 위해 필요한 기반시설 제공 − 지역사회 발전: 지역 주민들과 지역사회가 생태관광으로부터 편익을 취하고 환경인식을 높일 수 있도록 보장

출처: Commonwealth Department of Tourism(1994)
　　　Department of Tourism, Small Business and Industry(1997)

3) 생태관광 발전을 위한 호주생태관광협회의 실천적 뒷받침

중앙정부 및 주 정부의 노력과 더불어 호주의 생태관광이 체계적으로 이뤄질 수 있도록 실천적 뒷받침을 하는 곳이 바로 호주생태관광협회이다. 1991년 비영리법인으로 설립된 호주생태관광협회는 호주 생태관광 산업의 중심 조직이다. 숙박업체, 여행업체, 관광계획가, 보호 지역 관리자, 학자, 환경단체, 그리고 지역 관광협회와 관광객 등 관광과 관련된 다양한 주체를 회원으로 포괄한다.

생태관광협회는 호주 관광관련 정부부처와의 협력하에 생태관광 개발과 관리의 중요한 주체로 역할하고 있다. 2002년 세계생태관광의 해에는 이를 기념하기 위해 케언즈에서 "Ecotourism-a world of difference"라는 주제하에 국제대회를 개최하였다. 여기에서는 생태관광을 위한 파트너십에 관한 케언즈헌장(The Cairns Charter)을 채택하였는데, 이는 그해 5월 캐나다 퀘벡 시티(Quebec City)에서 개최된 국제생태관광대회(The World Ecotourism Summit)에서 채택된 퀘벡선언(Quebec Declaration on Ecotourism)의 원칙에 근거하여 마련된 것이다. 이 헌장은 파트너십을 실천할 수 있는 행동안 역시 포함하고 있으며 각 행동안은 시간계획과 책임기관이 명시되어 있다. 행동실천안은 크게 5가지로 구분되어 있는데, 이 중 호주생태관광협회는 케언즈헌장의 평가와 수정을 조율하고 촉진하는 역할을 담당하고 있으며, 다른 행동안과는 달리 작업수행에 대한 시간적 제한이 없는 대신 매년 개최되는

호주생태관광대회(Ecotourism Australia's Annual Conference)에
서도 검토되도록 명시하고 있다. 호주생태관광협회 외에 책임을 맡
고 있는 단체로는 UNEP, Rainforest Alliance, UNESCO,
Conservation International 등이 있다.

 이후 2003년 11월에 개최된 호주생태관광대회에서는 유네스코
세계유산센터(UNESCO World Heritage Centre)와 "세계유산 관
광프로그램 및 기금 개발에 관한 협약서(Memorandum of Coo-
peration for the Development of a World Heritage Tourism
Program and Fund)"를 체결하였다. 이에 두 기관이 파트너십을
체결하면서 세운 비전은 세계유산 지역에 대한 이해와 지원이
선진국 및 개발도상국 간에 공유되는 환경을 창출하는 것이다.
세계유산기금의 개발과 이행에서 호주생태관광협회의 역할은 주
로 관리업무이다. 협회는 NEAP에 의해 인증 받은 여행상품이나
숙박시설 혹은 대상지를 운영하고 있는 회원업체의 동의와 협력
을 얻음으로써 멤버십체계를 활용한다. 즉 호주 세계유산 지역
내에서 인증 받은 여행상품이나 숙박시설 혹은 대상지를 운영하
는 업체들이 "World Heritage Eco-Escapes"라고 알려진 일련의
호주 여행일정에 그들의 관광서비스를 기부하는 것이다. 이들 여
행프로그램은 영리목적의 여행대리점에 의해 최고의 시장가로
국제적으로 매매된다. Eco-Escapes 프로그램으로부터 창출된 기
금은 유산지역기금으로 기부되어 호주 세계유산 지역의 보전과
보호, 지속가능한 관광개발, 공공 및 방문객에게 세계유산을 알리
는 후원 활동과 프로젝트를 위해 쓰이게 된다. 현재 여행일정의

단독 배포 주체로 내셔널지오그래픽(National Geographic)측과 협의 중에 있다(http://www.ecotourism.org.au).

호주생태관광협회의 가장 중요한 역할 중 하나는 생태관광인 증제도의 운영이다. 호주의 생태관광인증제도가 어떻게 개발되고 운영되는지를 살펴보자.

2. 호주의 생태관광인증제도

1) 호주의 자연관광 및 생태관광 인증제도(NEAP)

호주는 1993년에 인증의 필요성을 인식하고 이에 대응하기 위 한 프로그램을 계획하였으며, 1994년 호주의 Commonwealth Department of Tourism은 "An Investigation into a National Ecotourism Accreditation Scheme"라는 프로젝트를 발주하였다. 이 보고서를 통해 인증제도의 의미와 이에 관련한 행정 및 관리 의 틀을 세웠다. 여기서 제시된 마케팅을 비롯한 총 착수 비용은 A $325,000에서 A $375,000(1994년 기준)이었으며, 운영비용으로 는 연간 A $261,000으로 평가하였다.

이후 1996년 11월, 세계 최초로 생태관광인증제도(Nature and Ecotourism Accreditation Program, NEAP)를 수립하고, 1997년 에 첫 번째 상품을 인증하였다. 그리고 3여 년간의 적용을 통해 2000년에는 기존의 기준을 보다 향상시킨 NEAP Ⅱ를 개발하였 고, 2003년에 다시 기준의 검토가 이루어져 NEAP Ⅲ로 수정되

었다. 한편 에코가이드 인증프로그램(EcoGuide Australia Certifi-
cation Program) 역시 개발, 실행함으로써 NEAP를 보완하고 지
원하도록 하고 있다.

호주생태관광협회는 2005년을 기준으로 총 115개의 여행업체(57
개 퀸즐랜드 소재)의 여행상품을 인증하였으며, 총 42개 숙박업체
(22개 퀸즐랜드 소재)의 숙박지와 총 31개의 매력물(12개 퀸즐랜
드 소재)을 각각 인증하였다. 인증 받은 여행상품 및 숙박지는 운
영업체별로 복수개가 가능하므로 실제 인증 받은 상품과 숙박지의
개수는 운영업체 수보다 많아 300여 개 이상이다. 인증의 대상은
호주생태관광협회의 웹사이트(http://www.ecotourism.org.au)에
서 확인가능하다.

이때 인증의 대상이 되는 자연관광 및 생태관광은 다음과 같
이 정의된다.

• 자연관광

자연 지역의 경험을 가장 우선으로 하는 생태학적으로 지속가능한 관광

• 생태관광

환경과 문화에 대한 이해와 감상 그리고 보전을 유도하는 자연 지역의
경험을 가장 우선으로 하는 생태학적으로 지속가능한 관광

• 우수 생태관광

환경보전에 기여하고 지역사회를 지원하면서, 현명한 자원이용이 이루어
지는 우수사례를 만들고자 노력하는 관광운영자가 제공하는, 호주에서
가장 선두적이며 혁신적인, 환경에 대해 배울 수 있는 기회를 제공하는
관광(Ecotourism Australia, 2003b)

(1) 조직구성

NEAP는 본래, 호주생태관광협회(개발 당시 EAA[10])와 ATON
(Australian Tourism Operation Network)의 연합조직체에 의해 개
발되었다. 그러나 2001년 ATON은 NEAP의 소유권을 포기했고, 이
제는 호주생태관광협회만이 NEAP를 소유하고 있다.

초기에 NEAP는 정부의 적극적인 지원으로 운영되었다. ONT
(Federal Office of National Tourism)는 NEAP의 기준/프로그램
을 개발하도록 한 번에 US$30,000로 재정을 지원하였다. 또 생
태관광협회와 ATON은 재정적 지원 및 전문가 조언 등을 제공
하였다.

현재 NEAP와 관련한 주요 조직은 〈표 15〉와 같은 5가지[11]로
구분할 수 있다. 에코인증프로그램평가(EcoCertification Progra
m[12] Assessment)는 고정된 조직이라고 말할 수 없으나, 독립된
평가자가 있으므로, 별도의 조직으로 취급하였다.

---

10) 호주생태관광협회는 처음에는 Ecotourism Association of Australia
(EAA)로 명명하다가 2000년대 초반에 Ecotourism Australia(EA)로
명칭을 변경하였다.

11) http://www.ecotourism.org.au/EcoCertification3.pdf 또는 Ecotourism
Australia(2003b)에서 확인가능하다.

12) 호주생태관광협회에서는 NEAP와 에코가이드인증제도를 EcoCertifica-
tion Program으로 표현하고 있다.

〈표 15〉 호주생태관광협회 내 인증제도 관련 주요 조직

조직명	역 할
인증제도관리위원회 (EcoCertification Program Management Committee)	호주생태관광협회(EA)의 하부위원회로, EA 이사회와 의장에 의해 설립되어, 인증프로그램 전반의 관리를 맡는다.
인증제도 평가 (EcoCertification Program Assessment)	훈련받은 평가자에 의해 인증을 위한 평가 수행. 고정된 위원회 같은 조직체계를 갖고 있지는 않음
국립독립감리프로그램패널 (The National Independent Audit Program Panel)	보호 지역 관리기관, 주 정부의 관광기관, 호주생태관광협회 등으로부터의 대표자로 구성되며, 감리활동을 총 감독한다.
인증이의심판위원회 (The EcoCertification Program Appeals Tribunal)	3명의 저명인들로 구성된 위원회로, EcoCertification Program Management Committee의 결정사항에 대해 신청자가 이의를 제기했을 때 이에 대한 문제를 다루는 조직이다.
우수사례자문그룹 (The Eco Best Practice Advisory Group)	지속적인 인증제도 개선을 위해 우수사례를 추천하는 역할을 담당한다.

출처: Ecotourism Australia(2003b)

(2) NEAP 인증대상

NEAP는 자연관광 및 생태관광에서, 숙박시설, 여행상품, 매력물 등의 세 가지를 대상으로 평가하여 인증한다. 숙박시설은 해당 지역을 방문한 관광객들의 숙박을 위해 고안된 시설과 서비스를 포함하는 것이다. 여기에는 리조트, 캠핑장 등이 있다. 여행상품은 하나 이상의 장소에서 한 명 이상의 가이드가 관광객들에게 감상 및 활동을 제공하는 것이다. 이런 의미에서 숙박시설은 관광객들

이 사용하기는 하지만, 여행상품으로 평가될 수는 없다. 오지 탐험, 드라이빙, 동굴탐험, 스노클링 등이 대표적인 여행상품의 예라 할 수 있다. 매력물은 방문객들이 해당 지역을 탐사하거나 학습하는 데 도움이 되는 자연 지역을 의미한다. 야생동물공원, 역사유물 지역, 해상공원, 방문자 센터 등이 포함될 수 있다.

(3) NEAP 설계원칙

개발된 인증제도가 성공적으로 적용될 수 있도록 하기 위해 〈표 16〉과 같은 인증제도 설계와 관련된 원칙이 수립되었다. NEAP는 이러한 원칙하에서 새로운 기술 및 혁신적인 부분들을 계속 수용해 나가고 있다.

NEAP 설계 원칙을 살펴보면, 잠재 수요자인 관광사업자가 재정적인 혹은 기술적인 어려움 없이 인증제도에 참여할 수 있도록 인증제도를 설계하되, 신뢰할 수 있는 제도가 되도록 개발해야 함을 명시하고 있다. 특히 인증 그 자체에 만족하기보다는 지속적으로 인증제도를 발전시킬 수 있도록 노력해야 함을 명시하고 있다.

〈표 16〉 NEAP의 설계원칙

원 칙	내 용
적합성	인증설계는 모든 관광사업자의 재정능력 범위 내에서 이루어져야 한다. 총 거래액에 기초하여 적절한 요금을 정한다.
실용성	인증설계는 원거리에 있는 관광사업자라 하더라도, 좋은 교육기관, 컨설턴트, 통신 수단에 접근 가능하도록 해야 한다.
자체 재정 확보	인증설계가 장기적으로 지속되기 위해서는 자체재정이 있어야 한다. 초기에는 연방정부의 장려금을 받을 수 있으나 지속적인 자금지원은 기대하기 힘들다. 인증설계는 3년간의 모니터링이 이루어질 정도의 충분한 재정을 비축해 두어야 한다.
신뢰성	인증설계는 휴양, 관광, 교육에 따른 관광사업자, 생태관광객, 광역 관광산업체, 보호 지역 관리자, 보호단체, 그 외 특정 이익집단과 같은 주요 이해 당사자들에게 신뢰를 줄 수 있어야 한다.
간결성	관광사업자가 컨설턴트의 도움 없이도 신청과 관련된 작업들을 할 수 있도록 인증제도는 간결하게 설계되어야 한다. 어떤 관광사업자들은 이에 대한 도움을 바라지만, 실제 인증과 관련된 문서는 정직하게 작성될 수 있도록 개발되어야 하며, 전문성을 요하는 작업이 되어서는 안 된다.
전국 범위	인증설계의 편익을 최대화하기 위해 국가 수준에서 적용되어야 한다. 또 호주의 계획이 국제적으로 인정받을 수 있도록 노력해야 한다.
저작권 보호	NEAP의 설계 권한은 원래 호주 연방정부에 있었다. 현재 권한은 호주생태관광협회로 양도되었다. 모든 NEAP 문서는 사업주가 등록해야 하며, 각 문서에는 페이지마다 저작권을 명시하도록 되어 있다.
포괄성 및 우수성	NEAP 계획은 포괄적이다. 즉 그 목적은 인증될 프로그램이 거의 없도록 하기보다는 인증제도의 의도가 실행될 수 있도록 관광사업자들을 도와주는 것이어야 한다. 그러나 포괄적인 설계라도 생태관광의 수준은 높아야 한다. 추가적으로 보다 높은 수준의 생태관광을 수행하고 있는 관광사업자들은 '우수' 상품으로 인증을 받는다.
혁신적인 모범 사례	인증제도와 관련한 새로운 기술과 독창성을 계속 발전시키고, 인증제도가 지속적으로 개선되도록 새로운 방법을 적극 강구하고 도입한다.

출처: 환경부(2000)에서 재구성

(4) NEAP 평가 원칙과 기준

NEAP 평가단은 세 가지 핵심원칙하에 다시 구분된 10개 원칙에 따라 평가를 수행한다. 자연관광, 생태관광, 우수 생태관광이 갖추어야 하는 원칙은 〈표 17〉과 같다.

자연관광은 제시된 6가지 기준이 성취되어야 인증을 받을 수 있다. 이때 해설과 교육, 보전에의 기여, 지역사회와의 협력 그리고 문화의 존중과 민감성 등의 4개 원칙은 자연관광 상품 인증을 위한 필수요소가 아닌 반면 생태관광 및 우수 생태관광은 반드시 갖추어야 할 원칙들이다. 즉 생태관광과 우수 생태관광은 앞의 6가지 원칙을 100% 충족시켜야만 되고 나머지 4개 원칙은 생태관광과 우수 생태관광이 준수해야 할 수준정도가 다르다. 예컨대 우수 생태관광은 생태관광보다 더 우수한 평가를 받아야 하는데, 나머지 4개 원칙에서도 75% 이상의 평가를 받고 우수사례로 제시될 수 있어야 인증을 획득할 수 있다.

위에 제시된 10가지 원칙은 평가를 위해 아주 세부적으로 구분 제시된 기준[13]을 통해 평가된다.

---

13) http://www.ecotourism.org.au/EcoCertification3.pdf 또는 Ecotourism Australia(2003b)에서 확인가능하다.

〈표 17〉 인증을 위한 평가원칙

핵심원칙	자연관광/생태관광 상품원칙	자연관광	생태관광/ 우수 생태관광
경제적 지속성	1. 사업 관리 및 운영 계획	√	√
	2. 사업 윤리	√	√
	3. 책임 있는 마케팅	√	√
	4. 소비자 만족	√	√
환경적 지속성	5. 자연 지역 초점	√	√
	6. 환경적 지속성	√	√
	7. 해설과 교육		√
	8. 보전에의 기여		√
사회적 지속성	9. 지역사회와의 협력		√
	10. 문화적 존중과 민감성		√

출처: http://www.ecotourism.org.au/eco_certification.asp

(5) 평가와 감리

호주 NEAP의 평가는 기본적으로 신청자의 자체평가에 기반을 둔다. 따라서 인증을 받기를 원하는 사업체는 주어진 기준에 따라 스스로 평가서를 작성한다. 주관적인 의견을 서술할 수도 있으며, 특히 기준을 능가하는 점이 있을 때에는 이를 스스로 지적함으로써 우수 생태관광 인증을 받을 수 있도록 한다.

이렇게 작성된 평가서는 다른 지원서류와 함께 인증평가자의 평가를 거치고 다시 그 결과는 인증프로그램관리위원회에 제출되어 인증 여부에 대한 최종 결정이 내려진다.

언급한 것처럼 NEAP는 원칙적으로 자기 평가 절차이기 때문에 지원서를 작성한 사람에게 전적으로 의존한다. 따라서 이에 대한 신뢰성과 객관성을 유지하기 위해 다음과 같은 4가지 모니터링 절차가 수행된다.

· 고객으로부터의 피드백
· 감독으로부터의 피드백
· 회계감리 보고서
· 생태관광 사업의 실질 회계감리

NEAP는 인증 기간 중에도 무작위로 평가를 실시할 뿐만 아니라, 특정 기준에 대한 적합성을 판단하기 위해 매년 정기적인 평가를 수행한다. 이때 평가는 국립독립감리프로그램패널에 의해 이루어진다. 현장평가를 실시할 경우에는 평가 21일 전에 대상자에게 통보하고, 심사결과에 대한 이의 제기는 결과통보 후 21일 이내에 해야 한다.

이러한 절차를 통해 기존에 인증된 상품이라 하더라도 NEAP의 기준에 부합되지 않는다고 판단되면 패널에 의해 중지되거나 취소될 수 있다. 또 기존의 인증상품에 대해 추가 인증이 이루어지지 않거나 인증이 취소되었을 경우에도 이에 대한 이의를 제기할 수 있다.

(6) 인증비용

NEAP의 인증이 유효한 3년간 매년 추가 인증 비용을 내고

기준적합성 여부를 평가받아야 한다. 3년경과 후에는, 새로운 지
원서를 제출하여 재평가를 받는다.

인증과정에 소요되는 비용으로는 NEAP 신청서 구입 및 지원비
용, 매년 지불하는 정기비용 등이 있다. 지원서 구입비용은 GST와
우편료를 포함해 AU$85이며, GST를 포함한 지원비와 연회비는
사업체의 연간 거래액에 따라 달라진다. 이때 첫해에 지불하는 연
회비는 지원서를 제출한 시기에 따라 차등 지불하게 된다.

지원서 제출 시기는 다음과 같이 4가지 경우로 구분한다.

· 1년: 1월 1일부터 3월 31일 사이에 지원서 제출
· 3/4년: 4월 1일부터 6월 30일 사이에 지원서 제출
· 1/2년: 7월 1일부터 9월 31일 사이에 지원서 제출
· 1/4년: 10월 1일부터 12월 31일 사이에 지원서 제출

〈표 18〉 인증제도 지원비와 연회비

(단위: AU$)

연간 총 거래액	지원비 (1회/3년)	연회비(지원서제출 시기에 따라 다름)			
		1년	3/4년	1/2년	1/4년
〈 100,000	200	220	165	110	55
100,000–250,000	260	280	210	140	70
250,000–1,000,000	330	460	345	230	115
1,000,000–5,000,000	430	680	510	340	170
5,000,000–10,000,000	530	840	630	420	210
〉 10,000,000	730	940	705	475	235

주 1: 연회비는 첫해에만 지원서 제출 시기에 따라 달리 지불. 즉 연간 총 거래액
   이 1억 호주달러 미만의 사업체가 2차 연도와 3차 연도에 지불하게 되는 연
   회비는 각각 AU$220임.
주 2: 지원서류비 1장당 AU$85은 공통적으로 적용됨.
출처: http://www.ecotourism.org.au/eco_certification.asp

(7) 인증로고와 홍보

최종적으로 인증을 받게 되면, 〈그림 8〉과 같은 로고를 사용할 수 있게 된다. 로고는 인증 받은 상품이 자연관광인지 생태관광 또는 우수 생태관광인지에 따라 다르다.

〈그림 8〉 호주 NEAP 인증로고

즉 인증을 받은 사업체는 자신들의 상품에 각각의 인증로고를 사용할 수 있다. 또 호주생태관광협회에서는 자체 홈페이지에서 인증 상품들을 검색할 수 있는 서비스를 제공하며, 소비자는 곧 해당 상품의 사업체 홈페이지로 접속하거나 연락처 등을 확보할 수 있다.

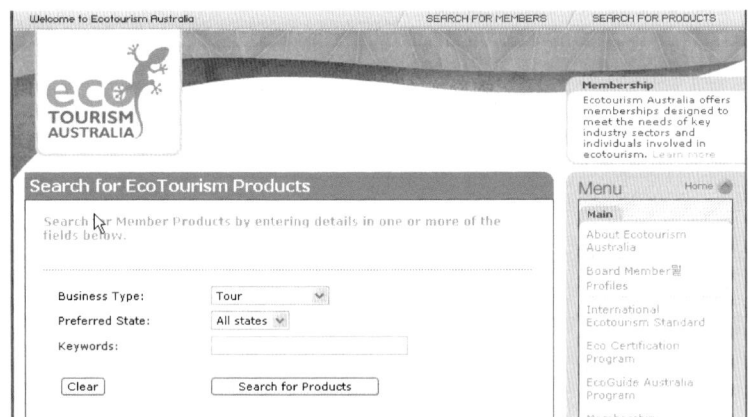

〈그림 9〉 호주생태관광협회 홈페이지에서의 인증상품검색창

2) 호주의 에코가이드 인증제도

에코가이드 인증프로그램은 신뢰할 수 있고 전문가적인 생태관광 경험을 제공할 수 있는 가이드라는 것을 증명하는 프로그램이다. 이 프로그램은 NEAP를 보완하고 지원한다.

에코가이드 인증프로그램은 주요 생태관광 이해관계자에 의해 시범적으로 만들어졌다. 예컨대 관광업계, 보호 지역 관리자, 교육훈련제공자, 관광업훈련자문위원회(the tourism industry training advisory board), 가이드협회 및 생태관광협회 등등이 참여하였다. 현재 에코가이드의 관리와 평가는 호주 에코가이드위원회(EcoGuide Australia Committee)에서 담당하고 있다.

호주생태관광협회는 에코가이드 인증제도의 이점을 〈표 19〉와 같이 설명하고 있다.

〈표 19〉 에코가이드 인증제도의 이점

이 점	수혜자
– 업무에 대한 신임과 공인된 자격을 통한 경쟁력 확보	가이드
– 질 높은 가이드의 규명이 가능하며, 훈련 목적의 기준이 될 수 있고, 공인된 에코가이드를 이용함으로써 자사 상품의 어필(appeal) 가능	운영자
– 자연관광 또는 생태관광과 같은 특정시장에 대한 경쟁력을 갖고 진정한 자연관광 또는 생태관광 같은 가이드 서비스를 촉진하는 기회 확보	가이드와 운영자
– 안전하며, 문화적으로 민감하며 환경적으로 지속가능한 방법으로 양질의 자연관광 또는 생태관광 경험을 제공하는 공인된 가이드 선택 가능	방문자
– 환경 및 문화에 대한 부정적인 영향을 최소화하는 개선된 안내체계	환경적 편익
– 자연관광 및 생태관광 가이드의 모범사례 벤치마킹	훈련 제공자
– 보호 지역 내 민감한 지역의 이용 허가를 검토할 때, 적절한 훈련 및 자격을 갖춘 직원을 고용하고 있는 여행운영자 규명 가능	보호 지역 관리자

출처: http://www.ecotourism.org.au/ecoguide.asp

(1) 인증의 절차

에코가이드 인증은 크게 4단계로 이루어진다. 첫 번째 단계는 지원자의 지원이며, 그 다음 평가의 준비와 평가가 각각 이뤄지고, 4단계에서 EcoGuide 패널에 의해 지원자의 지원서와 평가자의 평가보고서가 검토되어 인증 여부가 최종 결정된다.

지원에서부터 평가까지의 3단계를 보다 상세히 설명하면 〈표 20〉에서부터 〈표 22〉까지와 같다.

〈표 20〉 1단계: 지원자의 지원

목표	필요한 모든 서류와 자료가 지원자에 의해 준비되어 호주생태관광협회에 제대로 전달되도록 함
관련 주체별 역할흐름도	
지원자	- 호주생태관광협회에 연락
호주생태관광협회	- 지원자와 연락을 취함 - 초기 질문사항과 지원에 관해 지원자를 도움 - 필요한 관련 자료와 서류작업으로 진행: 에코가이드 워크북 참고 포함
지원자	- 협회와 연락, 지원과 관련된 세부사항과 서류와 자료 구비 - 준비된 서류와 자료들을 협회로 송부

출처: Ecotourism Australia (2003a)

〈표 21〉 2단계: 평가의 준비

목 표	평가를 위해 지원자와 평가자 준비
관련 주체별 역할흐름도	
호주생태관광협회	- 지원자로부터 관련된 모든 세부사항들을 수령하고, 인증을 위해 요구되는 최소한의 요구사항을 충족시킴을 확인 - 모든 자료들이 조건을 충족시킨다면, 모든 자료들을 가장 적절한 평가자에게 송부
평가자	- 협회로부터 관련 자료를 전달받음 - 자료의 재검토 및 지원과 관련된 논의를 위해 지원자와 연락
지원자	- 지원과 관련해 평가자와 연락
지원자/평가자	- 평가를 위한 준비를 위해 상호 연락
지원자	- 현장평가를 위한 자료를 준비하고 활동계획안 수립

출처: Ecotourism Australia (2003a)

〈표 22〉 3단계: 평가

목 표	지원자의 에코가이드 인증을 위해 필요한 평가 작업 수행
관련 주체별 역할흐름도	
평가자	- 지원자가 요구되는 필요 증거들을 수집하도록 지속적으로 도움 - 지원자 평가 수행
지원자	- 평가자와 연락하고, 평가 작업에 필요한 작업 수행. 다음과 같은 사항이 포함될 수 있음 * 관광산업과 관련된 충분한 핵심 자격을 갖추었음을 보여주는 증거자료들 제시 * EcoGuide 규정 자격 증명 * 현장평가 받음 * 윤리코드 이행 서약 제출
평가자	- 평가전과정에서 지원자를 지속적으로 지원
지원자/평가자	- 4단계를 위한 평가기록서 준비

출처: Ecotourism Australia (2003a)

(2) 자 격

에코가이드 인증을 받기 위해서는 다음 중 한 개 이상의 자격을 갖추어야 한다(Ecotourism Australia, 2003: http://www. ecotourism.org/ecoguide.asp).

· 최소 12개월 이상의 여행가이드 근무 경험
· 공인된 가이드 자격: Certificate III in Tourism [tour Guiding], Certificate IV in Tourism [tour guiding], Certificate IV in Tourism [Natural and Cultural Heritage)
· 다른 관련 자격(예를 들어 생태관광 학위)과 최소 3개월 이상의 여행가이드 근무 경험

(3) 평 가

에코가이드 인증을 위한 평가 과정은 요구되는 증빙자료와 이력서 등의 관련서류평가와 현장수행평가로 이루어진다. 관련서류에는 2명으로부터의 추천서(referees reports), 윤리코드(Code of Ethics) 이행 서약서, 그리고 자격을 갖추었음을 보여주는 일련의 증빙자료가 포함된다. 이때 윤리코드 이행 서약서는 안전하며, 문화적으로 민감하고 환경적으로 지속가능한 방법으로 질 높은 자연관광 또는 생태관광 경험을 제공할 것임을 맹세하는 절차이다.

평가자는 지원자들이 생태관광 가이드 또는 자연가이드로서 갖추어야 할 태도와 행동뿐만 아니라 기술과 지식을 갖고 있음을 보여주는 증거들을 수집 제공할 수 있도록 도움을 제공한다.

에코가이드 인증 프로그램은 가이드들이 매우 다양한 방면에서 자격을 갖고 있음을 전제한다. 그러므로 자격을 보여주는 증거들(portfolio of evidences)은 가이드별로 달라질 수 있다. 그러나 공통적으로 대략 다음의 사항들이 제시되어야 한다.

· 맡은 일의 기능이나 역할을 포함한 근무이력을 보여주는 상세한 이력서
· 동료, 상사 또는 고용주로부터의 평가(예: 추천서)
· 회의기록, 작업명부, 방문객으로부터의 감사편지 또는 방명록에 기술된 의견 등의 기록
· 자체 개발한 상품(자기안내식 브로슈어, 전시사진, 정보지, 비디오, 슬라이드 쇼, 또는 시청각 자료 등)
· 운전면허증, 응급처치자격증, Aussie Host, 또는 스쿠버다이빙 등의 야외활동 교육자 자격증 등의 다양한 산업기반 자격증

· 업무일지(logbooks)
· 실내외 훈련 또는 서비스 부문 교육과정 수료증(certificates)

추천서는 동료, 상사 또는 고용주 등 자연/생태관광 가이드로서의 지원자를 평가해줄 수 있는 사람이 작성하며, 작성된 추천서는 직접 호주생태관광협회로 보내야 한다. 추천서에 포함되어야 하는 사항은 대략 다음과 같다.

· 지원자의 자연/생태관광 가이드로서의 작업 수행에 대한 일반적인 견해
· 지원자가 최소 영향의 원칙을 현장에서 가이드로서 어떻게 적용하는지 설명
· 지원자가 다양한 작업 환경에서 방문자 및 동료들과의 의사소통을 얼마나 효과적으로 잘 하는지 평가
· 지원자가 다양한 문화적 배경을 가진 고객을 안내할 때 그들의 서로 다른 욕구에 얼마나 세심하게 대처하는지 평가
· 지원자가 어려운 상황(예를 들어 고객 불만, 상충 또는 위급상황 등)에서 적절히 대응하는가에 대한 평가

이상의 자체 기술된 서류들을 통해 협회에서는 다음의 사항들을 종합 검토함으로써 지원자의 자격을 평가한다.

· 최소 영향을 위한 계획 수립과 실행
· 해설 및 활동의 계획과 개발
· 호주 원주민 문화에 대한 조사와 일반적 정보의 공유
· 전문화된 해설 내용의 준비

제출된 서류의 평가가 끝나면, 현장평가(workplace assess-

ment)가 이루어진다. 현장평가에서는 대략 다음의 방법 중 하나
가 적용된다.

· 실제 여행을 인솔하는 내용을 평가(actual on-the-job assessment)
· 가상 여행 집단의 가이드(simulated on-the-job assessment): 실제 작
  업현장에서 가상 여행 집단을 가이드할 수 있으며, 또는 특정 환경에
  서 주어진 코스대로 가이드하거나, 가이드학교나 평가 워크숍에서 역
  할극을 통해 평가 가능
· 비디오 평가(video assessment): 평가비용이 상당히 들 수 있는 원거
  리 거주 지원자의 경우 적용 가능

  현장평가에서 평가자들은 다음과 같은 부문에서 지원자의 자
질을 평가하게 된다.

· 고객 및 동료들과의 의사소통 능력
· 고객의 안전과 편안함 고려
· 효과적이고 적절한 프레젠테이션 기법의 사용
· 해설 원칙의 적용: 고객의 욕구를 충족시킬 수 있는 최신의 정확한 관
  련 정보의 수집과 준비 그리고 조합 및 제시; 적절한 주제의 효과적
  사용; 적절한 소품과 시청각 도구의 사용
· 적절하게 고객의 참여를 조장하고, 질문을 유도하고 질의된 사항을 정
  중하고 올바르게 응답하며 적절히 도움 제공
· 적절한 정보를 이용하여 고객의 활동이 환경적으로 또 문화적으로 바
  람직하게 이루어질 수 있도록 유도
· 참여자들 간의 상호 작용을 적절히 유도
· 고객의 질문에 정확히 그리고 친절하고 우호적으로 응답
· 고객들이 자연환경 및 지역사회에서 적절한 행동모델을 지킬 수 있도
  록 권고

앞서의 세 가지 현장평가 방법 중 어떤 것을 선택하는지에 상관없이, 지원자는 활동계획안을 제출해야 하는데, 이 계획안은 지원자가 성공적 여행 가이드 또는 보여줄 특정해설활동에 중요한 다양한 요소들을 어떻게 실제에 반영할 것인지를 보여주는 것이다. 계획안을 참고로 현장평가가 이루어지게 된다.

앞서 설명한 바와 같이 지원자들은 윤리코드 이행서약서에 서명을 하게 되는데, 윤리코드의 내용은 다음의 〈표 23〉과 같다. 이상의 단계를 거쳐 지원자에 대한 인증 여부가 결정된다.

〈표 23〉 에코가이드 윤리코드

- 안전, 해설, 고객서비스, 상품 판촉, 리더십과 프레젠테이션과 관련된 최선의 기준 채택
- 최소 영향 원칙의 이행 서약
- 여행으로 인한 경제적, 사회적, 문화적 그리고 경험적 영향의 긍정적인 부분은 극대화하고 부정적인 부분은 최소화하고자 노력
- 생태적으로 효과적인 자원의 이용 서약
- 지역 주민, 동료, 고객들 간 그리고 동일한 지역을 방문한 타 방문자들과의 우호적인 관계 형성 도모
- 지속적인 전문가적 자질의 개발 약속: 자연 및 문화 환경 내에서 고객과 의사소통하고 관리할 수 있는 능력을 배양시키는 훈련, 워크숍, 네트워킹 세션 또는 기타 활동에의 참여

출처: Ecotourism Australia (2003a)

(4) 비용과 로고

에코가이드 인증을 위한 비용 역시 NEAP와 마찬가지로 지원 서류를 확보하는 비용부터 시작해 지원비와 연회비로 구성된다.

지원서류 1장당 가격은 우편료를 포함해 AU$35이다.

인증비용은 1회 평가비(one-off assessment fee)와 연회비로 구분된다. 첫해의 연회비는 지원서 제출 시기에 따라 다르며, 구분은 앞서 설명한 NEAP의 경우와 동일하다. 그러나 이때 현장 평가를 위한 평가자의 여행경비는 지원자가 부담하게 된다. 거리 등 지원자의 상황에 따라 경비의 차이가 있다.

〈표 24〉 에코가이드 인증 비용

(단위: AU$)

비용구분	지원서류 (장당)	첫해 연회비 (지원서제출 시기에 따라 다름)				연회비 (재인증비)
		1년	3/4년	1/2년	1/4년	
금액	35	330	247.50	165	82.50	154

주: 현장평가와 관련해 소요되는 경비는 신청자가 별도로 부담해야 함.
출처: Ecotourism Australia (2003a)

〈그림 10〉 에코가이드 인증로고

3. NEAP 인증사례: 데인트리 디스커버리 센터14)

1) 대상지 개요

데인트리 디스커버리 센터(Daintree Discovery Center)는 퀸즐랜드 주 케언즈 북쪽의 모스만(Mossman)에 위치해 있다. 데인트리는 호주에서 단일 지역으로는 가장 큰 열대우림 지역인데 약 1,200평방킬로미터 넓이로, 세계유산목록에 등재된 곳으로 그 넓이는 약 1,200평방킬로미터이며 시드니 면적에 해당한다.

데인트리 디스커버리 센터는 1980년대 중반에 이곳을 방문했던 Pam과 Ron Birkett 부부의 아이디어로 만들어진 곳이다. 이곳을 방문한 후에 이들은 민감한 환경을 보호하는 동시에 열대우림의 방문을 통제할 수 있는 환경센터를 비롯한 해설프로그램 제공의 필요성을 정부에 제안하였다. 이에 정부는 아이디어에 대해서는 전적으로 지지했으나 그 당시에 사업을 지원할 자금을 갖추지는 못했다. 이에 Birkett은 센터의 설계와 개발 그리고 관리에 10년 이상의 삶을 기꺼이 투자하였다. 호주 국립공원/야생동물국(National parks and wildllife Service)과

〈그림 11〉 데인트리 디스커버리 센터의 로고

14) 데인트리 디스커버리 센터와 관련해 실은 로고와 시설사진자료는 모두 센터의 홈페이지(http://www.daintree-rec.com.au/)에 있는 사진들이다.

지방의회, 호주 최대 연구기관인 CSIRO(the Commonwealth Scientific and Industrial Research Organisation), 국내외 박물관은 물론 다양한 교육기관과 열대우림연구센터들과의 폭넓은 상의 끝에 1989년 센터를 개장하였다.

민간단체의 공식 명칭은 Daintree Rainforest Environmental Centre Pty Ltd이며, 위치는 세계유산 지역을 약간 벗어난 곳이다. 위치 선정에서는 다양한 기관과 상의하고 환경훼손을 최소화하면서 쉽게 찾을 수 있는 곳으로 정하였다.

센터는 호주생태관광협회로부터 우수 생태관광 매력물로 선정되었을 뿐만 아니라 다양한 분야에서 우수 경영 및 시설로 인증을 받고 있다.

〈표 25〉 데인트리 디스커버리 센터의 2004년 수상내역

○ Winner 2004 Tropical North Queensland Tourism Awards-Ecot-ourism
○ Winner 2004 Tropical North Queensland Tourism Awards-Most Outstanding Submission
○ Finalist 2004 Queensland Tourism Awards-Ecotourism
○ Finalist 2004 Telstra Small Business Awards
○ Winner 2004 QMBA Awards-Tourism & Hospitality Facility (FNQ)

2) 시설과 프로그램

이 센터는 호주에서 우수 생태관광 매력물로 인증 받은 곳인 만큼 시설과 프로그램에서 앞서간다. 주요 시설로 캐노피타워(canopy tower)와 다양한 높이의 관찰로 그리고 전시시설 등을 갖

추고 있다. 자연해설프로그램은 크게 두 가지 방식으로 이루어지는데, 오디오 안내시스템(audio guide)을 갖고 해당 지점마다 스스로 학습과 관찰할 수 있는 자가해설식 프로그램(self-guided tour)과 전문해설가로부터 설명을 듣는 프로그램이다.

(1) 캐노피타워

1998년에 설치된 23미터 높이의 캐노피타워는 열대우림의 바닥층에서부터 꼭대기까지 숲 전체를 감상하고 배울 수 있는 독특한 기회를 제공한다.

(2) 전시시설과 시청각실

〈그림 12〉 캐노피타워

전시시설(Display Center)은 410평방미터 규모로, 열대우림에 대한 다양한 정보를 사진과 글로 제공하고 있다. 또 전 연령층이 정보에 쉽게 접근할 수 있도록 터치스크린을 비롯한 대화식의 키오스크(interactive information kiosks)를 다양하게 구비하고 있다.

20개의 좌석을 갖춘 시청각실(Audio Visual Theatre)에서는 높게 평가된 다양한 영상물을 시청할 수 있다. 방문객들은 다양한 DVD영상물 중에서 시청하고 싶은 것을 선택할 수 있다.

〈그림 13〉 센터의 전시시설 내외부

(3) 공중관찰로

기념품점과 커피숍이 있는 센터의
주 건물과 캐노피타워를 연결하는 열
대우림 중간 높이의 공중관찰로(The
Aerial Walkway)는 2003년에 설치되
었는데, 이전에 경험해보지 못한 열대
우림의 중간층을 관찰할 수 있는 기
회를 제공한다. 방문객 안전과 편안함
을 고려해 설계되었으며, 휠체어의 접
근 역시 가능하도록 세심히 설계되었
다.

〈그림 14〉 공중관찰로

〈그림 15〉 지상관찰로

(4) 지상관찰로

민감한 환경을 훼손하지 않으면서 오염되지 않은 원생지를 경험할 수 있도록 열대우림의 하층에 총 400미터 길이로 만들어진 목재관찰로(The Elevated Rainforest Boardwalks)가 연결되어 있다. 방문객이 가장 잘 전망할 수 있으며 앉아 쉴 수 있도록 별도의 전망지점을 마련해 두었다.

(5) 자연해설

센터나 외부 단체에 의해 사전에 예약된 최소 10명 이상의 관광객집단을 대상으로 하는 전문가의 자연해설(Guided Group Tours)이 제공된다. 반면 사전 예약 없이 혹은 개별적으로 방문한 사람들은 오디오 장치와 안내책자를 이용해 스스로 해설을 즐기면서 센터를 이용할 수 있다. 이때 오디오 해설은 6개 언어로 제공된다.

〈그림 16〉 전문가를 통해 혹은 오디오장치를 이용해 자연해설을 즐기는 모습

(6) 생태가게와 커피숍

생태가게(Eco-Shop)에서는 지역에서 생산된 장식물을 비롯한 컵 등의 수공예품, 자연과 이곳 센터를 소재로 한 의류제품, 열대 우림 관련 책, 어린이 책과 장난감 그리고 열대우림 기념품에 이르기까지 다양한 물건들을 판매한다.

커피숍이 함께 있어 관광객이 여유롭게 자연을 즐길 수 있도록 하는 한편 환경가게운영과 더불어 센터의 운영비를 충당하는 수단으로 이용한다.

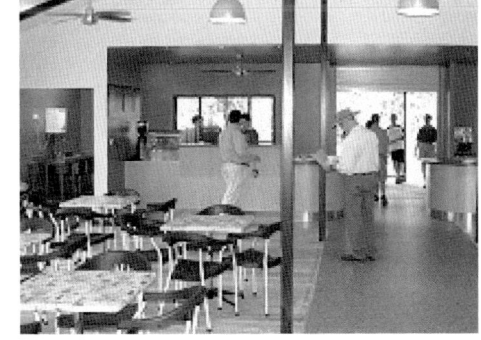

〈그림 17〉 생태가게와 커피숍

3) 이용 시간과 요금

센터는 크리스마스를 제외한 연중 오전 8시 30분부터 오후 5
시까지 이용 가능하다. 센터 이용을 위한 입장료가 부과되는데,
여기에는 45페이지 상당의 해설안내책(Interpretive Guide Book)
이 포함되어 있다.

〈표 26〉 데인트리 디스커버리 센터 입장료와 이용료

성 인	$20.00	요금은 2005년 기준이며, 입
Concession	$16.00	장료는 가이드북을 포함한 금
가 족	$45.00	액이며, 수익금은 센터의 유지
어린이	$7.50	관리를 위해서 사용됨
오디오장치이용료	$5.00	

V. 우리나라 생태관광 활성화를 위한 인증제도 개발전략

1. 생태관광 국가전략의 수립

지난 10여 년간 호주의 생태관광은 생태관광 시장에서 늘 선두에 있었다. 광활한 토지와 열대우림 그리고 다양한 생태 자원이 가장 기본적인 장점으로 역할을 했음도 사실이다. 그러나 그 자원들을 환경과 조화되며 매력적인 관광 대상으로 개발하고 관리하는 것은 효과적이며 실행 중심의 정책과 전략의 수립에 따른 결과이다. 1994년 생태관광 국가전략을 수립하고 이후 이 전략에 맞추어 인증제도를 개발하고 또 지속적으로 수정함으로써 생태관광 인증을 위한 국제적인 기준으로 삼을 만큼 발전시켜 놓았다. 인증제도의 개발은 단순히 관련된 상품을 인증하는 데 지나지 않는다. 지역사회가 또 관광업계가 환경과 관광의 관계를 우호적으로 만들 수 있는 계기를 부여하고 이를 통해 관련된 주체 모두가 편익을 취할 수 있는 승승(win-win) 전략을 유도한 것이다.

우리나라의 생태관광 활성화를 위해서도 생태관광 전반에 대한 국가전략의 수립이 필요하다. 생태관광 국가전략은 기본적으로 국가전략이 가지는 비전과 목표를 분명히 제시하는 것이다. 즉 생태관광을 통해 우리나라가 얻고자 하는 최종목표를 규명하고 그 목표하에서 합리적이고 체계적인 계획의 수립과 실행이 가능한 근거를 마련해 주어야 한다.

국가전략은 단순히 비전과 목표 혹은 계획의 수립 단계뿐만 아니라 이후 평가과정을 통해 어떻게 개선하고 보완해 나갈 것인가에 대한 전반적인 과정이 모두 포함되어 제시되어야 한다[15].

그런데 이러한 국가전략 수립을 위해서는 먼저 현황에 대한 상세한 분석이 있을 때 가능하다. 이후 현실상황에 부합하면서 미래지향적인 전략의 수립이 이루어지고 이후 인증제도를 비롯한 계획의 실행이 이루어져야 한다.

---

15) 예를 들어 2002년 환경부의 「생태관광 지침개발 및 활성화방안」 연구보고 서에서 제시된 우리나라 생태관광 국가전략 수립과 실행 과정이 비전과 목표와 함께 국가전략에 모두 포함되어야 한다.

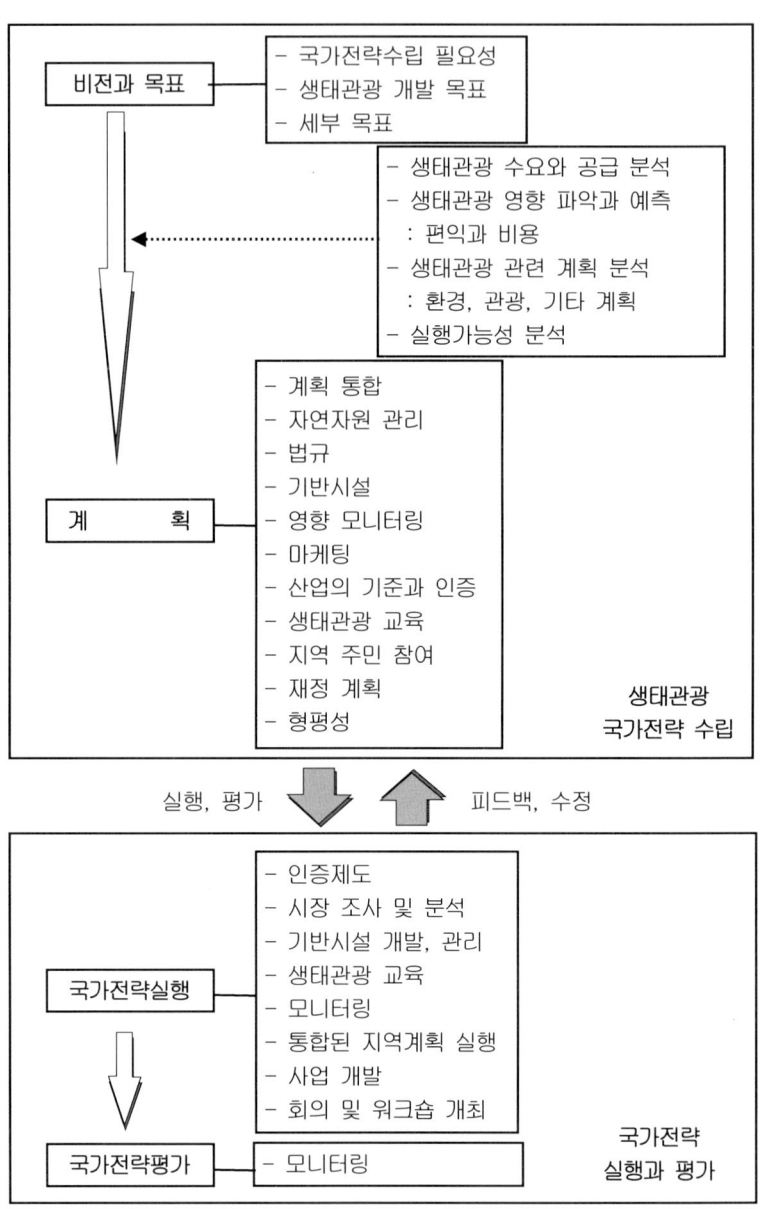

출처: 환경부(2002)

〈그림 18〉 생태관광 국가전략 수립과 실행 과정

2. 생태관광 정책 수립과 관련 법률의 통합

최근 자연환경보전법의 개정과 더불어 법규 내용에 생태관광 용어가 더 많이 등장하고 있다. 그러나 서로 다른 부처의 서로 다른 법률은 실제 생태관광을 도입하여 지역을 혹은 상품을 개발하고자 하는 지역사회와 사업자 등에게 오히려 혼란을 줄 수도 있다. 또 실제로 대부분의 생태관광 관련 항목들이 자연 지역의 보전과 관련된 법규에 포함되어 있어, 사업자와 관련된 실제적인 법규내용은 미비한 실정이다.

국내에서 생태관광을 가장 먼저 법 조항에 포함시킨 것이 환경부의 자연환경보전법이다. 보호 지역에 대한 정부와 지역 주민 간의 갈등이 점차 심화됨에 따라 1997년 개정된 자연환경보전법에 생태관광이라는 용어를 사용하는 조문이 포함되었고, 2004년 전면 개정되면서 관련사항이 조금 더 구체화되어 포함되었다.

생태관광 용어가 포함된 두 번째 법률은 산림청의 임업 및 산촌 진흥 촉진에 관한 법률이다. 산림청은 이 법률 제19조의 규정에 따라 산촌에 녹색관광과 생태관광을 도입 육성하여 상대적으로 낙후된 산촌의 지속가능한 발전을 꾀하고자 하였다.

해양수산부는 습지보전법 시행령 제8조의 규정에 따라 갯벌 생태체험관광 활성화 사업을 추진하고 있다. 이에 2002년 현재 무안갯벌 습지보호 지역에 갯벌 방문객센터 및 소공원 건립 사업을 추진하고 있으며, 2005년까지 습지보호 지역 9개소(계획)에 대해 추진할 예정이다. 또 2003년 6월 명예습지생태안내인의 위촉이라

는 새로운 법 조항을 제19조의 2로 추가하였다. 명예습지생태안
내인은 생태관광 안내자 역할 역시 할 수 있어 실질적으로 습지
보호 지역에서의 생태관광 활동이 가능함으로 보여주고 있다.

　문화관광부는 관광진흥법 제46조의 규정에 의거하여 생태관광
을 비롯한 관련 육성사업을 추진하고 있으나 법 조항에 생태관
광이라는 용어가 포함되지는 않았다. 문화관광부는 1999년부터
관광진흥법에 의거 지정된 관광지나 관광단지, 문화재보호법에
의거 지정된 사적지나 명승지, 또 정부가 정책적으로 추진하는
광역권 개발사업에서 제외된 지역의 독특한 역사문화, 레저스포
츠 등을 활용하여 보고, 즐기고, 체험할 수 있는 특색 있는 관광
자원을 개발육성하기 위하여 문화관광자원개발사업을 지원하였
다. 그러나 2003년부터는 생태·녹색 관광에 대한 수요에 부응해
생태·녹색 관광자원 개발사업을 문화관광자원개발사업에서 분
리하여 추진 중에 있다. 그 결과 2003년부터 2005년까지 19개 사
업에 총 110억 원을 지원하고 있다. 그러나 엄밀한 의미에서 생
태관광에 대한 명확한 개념규정과 이와 관련된 구체적인 법률안
이 없어, 해당 지원사업들이 실제로 생태관광 혹은 녹색관광으로
개발 운영되는지를 확신할 수 없는 상태이다.

〈표 27〉 국내 생태관광 관련법

법	내 용
자연환경 보전법 (환경부)	제41조 (생태관광의 육성) ①환경부장관은 생태적으로 건전하고 자연친화적인 관광(이하 "생태관광"이라 한다)을 육성하기 위하여 문화관광부장관과 협의하여 지방자치단체·관광사업자 및 자연환경의 보전을 위한 민간단체에 대하여 지원할 수 있다. ②환경부장관은 문화관광부장관 및 지방자치단체의 장과 협조하여 생태관광에 필요한 교육, 생태관광 자원의 조사·발굴 및 국민의 건전한 이용을 위한 시설의 설치·관리를 위한 계획을 수립·시행하거나 지방자치단체의 장에게 권고할 수 있다. 제59조 (자연환경안내원) ①환경부장관 또는 지방자치단체의 장은 생태·경관보전 지역, 자연휴식지 및 자연공원법에 의한 자연공원 등을 이용하는 사람에게 자연환경보전의 인식증진 등을 위하여 자연환경해설·홍보·교육·생태탐방안내 등을 전문적으로 수행하는 자연환경안내원을 둘 수 있다. ②제1항의 규정에 의한 자연환경안내원의 자격, 운영 및 활동범위 그 밖에 필요한 사항은 대통령령으로 정한다.
임업 및 산촌 진흥 촉진에 관한 법률 (농림부)	제19조 (산촌진흥기본계획 등의 수립) ①산림청장은 관계중앙행정기관의 장과 시·도지사의 의견을 들어 10년마다 산촌진흥기본계획(이하 "기본계획"이라 한다)을 수립하여야 한다. ②기본계획에는 다음 각호에 관한 사항이 포함되어야 한다. 6. 산촌의 녹색관광 및 생태관광 육성에 관한 사항
임업 및 산촌진흥 촉진에 관한 법률 시행령	제16조 (산촌에 대한 기초조사의 내용 및 조사방법 등) ①법 제20조 제1항의 규정에 의한 산촌에 대한 기초조사에는 다음 각호의 사항이 포함되어야 한다. 4. 녹색관광 및 생태관광 자원에 관한 사항
습지 보전법 시행령 (환경부·해수부)	제19조의 2 (명예습지생태안내인의 위촉) ③명예습지생태안내인의 활동범위는 다음 각호와 같다. 1. 습지보전을 위한 홍보 및 계도 2. 습지의 훼손행위에 대한 지도 및 관계기관에의 통보 3. 습지보호 지역 등의 보전 및 습지보전 시설의 운영에 대한 건의 4. 습지보호 지역 등에서의 생태관광 안내
관광 진흥법 (문광부)	제46조 (관광홍보 및 관광자원개발) ④ 문화관광부장관 및 지방자치단체의 장은 관광객의 유치, 관광복지의 증진 및 관광 진흥을 위하여 대통령령이 정하는 바에 따라 다음 각호의 사업을 추진할 수 있다. 1. 문화, 체육, 레저 및 산업시설 등의 관광자원화 사업 2. 해양관광의 개발사업 및 자연생태의 관광자원화 사업

이와 같이 정부의 여러 관계부처에서는 생태관광이 생태계를 보호하면서 이용에 대한 욕구를 충족시킬 수 있는 대안이라는 것을 인식하고 있는 것으로 보인다. 그러나 현재 법률안으로 보았을 때는 생태관광에 대한 정확한 이해와 적극적인 추진의사가 여전히 부족하다.

국가의 적극적인 개입과 지원이 이루어지기 위해서는 관련법을 통해 구체적이면서도 명확한 의지의 표명이 필요하다. 또 상기한 법률에 근거해 현재 추진 중인 사업들은 대부분 물리적인 시설 조성에 치우치고 있으므로, 향후에는 프로그램 개발과 교육 및 훈련 사업 등에도 균형 있는 지원이 요구된다.

생태관광의 보다 적극적인 추진과 발전을 도모하기 위해 정부는 생태관광 개발과 관련하여 개발, 관리, 운영, 정책 및 예산·법률 등을 통한 지원에 대한 기준과 원칙을 설정하고, 이를 명확히 하기 위해 자연 지역으로 통칭되는 각 영역에 대해 법률의 정비 및 개선이 필요하다. 이는 정책과 국가전략의 수립이 우선될 때 가능하다.

향후 통합적인 생태관광 정책을 수립한다면, 다음의 사항이 포함되고 지켜질 수 있도록 수립되어야 한다(EA and CRC for Sustainable Tourism, 2002).

- 생태관광 상품의 규모, 행해지는 위치, 이용하는 자연, 활동범위, 서비스 등의 내용
- 관련된 환경 법률이나 법규와 상응하는 규칙과 기준
- 직원 훈련을 이행하도록 권고하는 조항

- 생태관광 원칙에 근거해 관련된 목표를 정함으로써 환경적, 사회적 실행을 계획하고 모니터링 하도록 규정
- 벤치마킹 정보를 수집하도록 규정
- 생태관광 원칙을 준수하는 우수 생태관광 사례를 만들 수 있도록 지원하는 규정
- 모든 이해관계자는 물론이고 일반인들이 원할 때 언제든 확인해볼 수 있도록 정책정보 공개
- 매년 재평가를 실시하며, 생태관광 상품 관리에 수정된 정책이 반영될 수 있는 체계 장려
- 생태관광 상품이 자연 지역, 문화, 유산 지역의 보전과 관리에 기여할 수 있도록 규정
- 지역 차원에서는 물론 범지구적 차원에서 보전에 힘쓰도록 합의 도출

3. 생태관광인증제도의 개발과 운영

생태관광인증제도를 개발하기 위해서는 먼저 생태관광 개념에 대한 뚜렷한 정의와 개발과 운영의 원칙이 제시되어야 한다. 그러나 개념의 정의는 물론이고 원칙의 설정은 우리나라 상황에 부합하는 현실적인 것이어야 한다.

생태관광인증제도를 도입하기 위해서는 인증제도를 개발하고 향후 관리를 주관할 기관 혹은 단체의 조직이 가장 먼저 필요하다. 호주의 NEAP의 경우는 호주생태관광협회라는 민간단체에 전적으로 그 권한을 위임하였다. 그러나 중앙정부 혹은 지방정부에 의한 주도 역시 가능하다.

우리나라의 경우는 제한된 자원을 효과적으로 관리하면서 자

원의 남용과 오용을 방지하기 위해서는 강력한 통제력을 갖고 있는 중앙정부가 주도하여 인증제도를 개발하고 관리하는 것이 바람직할 것으로 보인다. 그러나 인증수여 대상을 결정하는 평가 단계에서는 다양한 전문 기관이나 단체의 협력이 필요할 것이다. 물론 이전에 인증제도를 개발하는 단계에서도 정부 주도하의 전문가의 참여가 보장되어야 함은 당연하다.

생태관광인증제도 개발과 관리를 위한 조직이 구성되고 나면, 인증제도 개발 작업에 착수하게 된다. 개발된 인증제도는 생태관광인증위원회로부터 권한을 위임받은 대행기관에 의해 실행에 옮겨지게 되는데, 이때 정부에 의한 적극적인 마케팅이 뒷받침되어야 한다. 우리나라의 경우 한국관광공사가 주도적으로 이에 관여할 수 있을 것이다.

인용문헌

강미희 (1999). 생태관광객의 여행 동기 및 태도: 척도구축과 관광객유형별 비교분석. 서울대학교 박사학위논문.

김성일·강미희 (2002). 생태관광: 생태적으로 민감한 지역의 대안적 개발과 관리를 위한 가이드 북. (주)트레블애널리스트.

박석희 (2001). 전통적 대중관광의 문제와 대안. 김성일·박석희 편. 지속가능한 관광. 서울: 일신사.

전경수 (1987). 관광과 문화. 서울: 까치.

한국관광공사 (1997). 환경적으로 지속가능한 관광개발.

해양수산부 (2000). 갯벌 생태계 조사 및 지속가능한 이용방안 연구: 전라남도 서부해안을 중심으로.

해양수산부 (2001). 갯벌 생태관광 시범운영.

환경부 (2000). 자원유형별 생태관광 추진전략 수립 연구.

환경부 (2002). 생태관광 지침개발 및 활성화방안.

APEC Tourism Working Group (1996). Environmentally Sus- tainable Tourism in APEC Member Economies.

Buckley, R. (2001). Ecotourism Accreditation in Australia. In X. Font and R.C. Buckley, eds. *Tourism Ecolabelling: Certification and Promotion of Sustainable Management*. Oxon, UK: CABI Publishing.

Bureau of Tourism Research (2000). International Visitor Survey.

Bureau of Tourism Research (2001). National Visitor Survey.

Bureau of Tourism Research (2005). International Visitor Survey.

Butler, R. W. (1980). The Concept of a Tourist Area Cycle of Evolution: Implications for Management of Resources. *Canadian Geographer*, 24(1): 7.

Butler, R. (1992). Alternative Tourism: The Thin Edge of the Wedge. In Smith, V. L. and Eadington, W. R., eds. *Tourism Alternatives: Potentials and Problems in the Development of Tourism*. Philadelphia: University of Pennsylvania Press.

Commonwealth Department of Tourism (1994). National Ecot- ourism Strategy. Commonwealth of Australia.

Department of Industry, Tourism, and Resources (2004). Demand for Nature-based and Indigenous Tourism Product. Department of Industry, Tourism and Resources, Australian Government.

Ecotourism Australia (2003a). EcoGuide Australia Certificatin Program. Second Edition. Brisbane,Australia.

Ecotourism Australia (2003b). Eco Certification.

Ecotourism Australia and CRC for Sustainable Tourism (2002). Setting a Worldwide Standard for Ecotourism. Draft for consultation. Brisbane, Australia.

Eadington, W. R. and V. L. Smith eds. (1992). *Tourism Alternatives: Potentials and Problems in the Development of Tourism.* Philadelphia: University of Pennsylvania Press.

Fennell, D. A. (1999). *Ecotourism: An Introduction.* London and New York: Routledge.

Font, X. and R. C. Buckley eds. (2001). *Tourism Ecolabelling: Certification and Promotion of Sustainable Management.* Oxon, UK:CABI Publishing.

Font, X. and J. Tribe (2001). Promoting Green Tourism: The Future of Environmental Awards. *International Journal of Tourism Research,* 3(1): 1-13.

Font, X., J. Tribe, and K. Yale (2001a). The Tourfor (Tourism in Forests) Project Progress Report: Results from Its Consultation Exercise. Submitted to *Tourism Geographics.*

Font, X. K. Yale, and J. Tribe (2001b). Introducing Environ- mental Management Systems in forest Recreation: Results from a Consultation Exercise. Submitted to *Managing Leisure.*

Font, X. (2001). Regulating the Green Message: The Players in Ecolabelling. In X. Font and R. C. Buckley, eds. *Tourism*

Ecolabelling: Certification and Promotion of Sustainable Management. Oxon, UK: CABI Publishing.

Green Globe (2004). GREEN GLOBE 21 Essentials. http://www.greenglobe21.com.

Hone, M. and Rome, A. (2001). Protecting Paradise: Certification Programs for Sustainable Tourism and Ecotourism. Washington: Institute for Policy Studies.

Middleton, V. and R. Hawkins (1998). *Sustainable Tourism: A Marketing Perspective*. Oxford: Butterworth Heinemann.

Mihalic, T. (2001). Environmental Behaviour Implications for Tourist Destinations and Ecolabels. In X. Font and R. C. Buckley, eds. *Tourism Ecolabelling: Certification and Promotion of Sustainable Management*. Oxon, UK: CABI Publishing.

Pearce, D. G. (1992). Alternative Tourism: Concepts, Classifications, and Questions. In Smith, V. L. and W. R. Eadington, eds. *Tourism Alternatives: Potentials and Problems in the Development of Tourism*. Philadelphia: University of Pennsylvania Press.

Pearce, D., A. Markandya, and E. Barbier (1989). *Blueprint for a Green Economy*. London: Earthscan.

Sadler, B. (1990). Sustainable Development, Northern Realities and the Design and Implementation of Regional Conservation Strategies. In *Achieving sustainable development through northern conservation strategies*. Calgary Alberta: University of Calgary Press.

Synergy Ltd (2000). Tourism Certification: An Analysis of Green Globe 21 and Other Tourism Certification Programmes. Report prepared for WWF-UK. London: Synergy.

The International Ecotourism Society (1991). The Ecotourism Society: An Action Agenda. In J. A. Kusler ed. *Ecotourism and Resource Conservation*. pp. 75-79. Madison, WI: Omnipress.

Tourism Queensland (2000). How Are We Tracking? State of Queensland.

Tourism. Queensland (2002). Queensland Ecotourism Plan 2003-2008. Queensland Government.

UNEP (1998). Ecolabels in the Tourism Industry.

UNEP (2000). Ecotourism: Facts and Figures. *Industry and Environment*, 24(3-4): 5-9.

Wallace, D. R. (1992). Is Eco-tourism for Real? *Landscape Architecture*, 82(8): 34-36.

WTO (2001). Millenium Tourism Boom in 2000. online document.

WTTC (1996). Agenda 21 for the Travel and Tourism Industry: Towards Environmentally Sustainable development.

http://www.australia.com

http://www.ecotourism.org.au

http://www.ecotourism.org.au/eco_certification.asp

http://www.tourism.australia.com

http://www.industry.gov.au

http://www.ecotourism.org.au/EcoCertification3.pdf

http://www.blueflag.org/Map_France.asp#

부 록

부록 1. 친환경관광인증제도 사례

1. GREEN GLOVE 21 Company/Community Standard

출처: http://www.greenglobe21.com

■ 개 요

GREEN GLOVE 21의 주관기관인 Green Globe는 1993년 세계 여행및관광위원회(World Travel and Tourism Council, WTTC)에 의해 만들어진 단체이다. 공식적으로는 1994년에 회원 및 합의에 기초한 프로그램(a membership and commitment-based program)으로 시작되었다. 이때에는 Green Globe 회원으로 가입하는 순간 로고를 부여받았다. 그러다가 1999년에 Green Globe Standard를 도입하고 하나의 독립된 심사기관으로 발전하였다. 2001년부터는 Green Globe에 회원으로 가입한 상태(Affiliate), 충족시켜야 할 성과 기준선을 충족시킨 상태(Benchmarked), 그리고 인증을 받은 상태(Certified) 등의 세 단계로 구분하여 인증을 부여하고 해당하는 로고 또한 부여하고 있다.

현재 Green Globe는 4개의 부문의 표준을 제공하면서, 매년 벤치마킹을 위한 Earthcheck™ 시스템을 적용하여 환경적 개선이 실제로 이루어지는지를 측정하고 있다. Green Globe의 4개 부문 표준은 다음과 같으며, 아래 4개 표준 외에 구역 계획과 개발 표준(Precinct Planning and Development Standard)이 시험 중에 있다.

- 기업 표준(Company Standard)
- 지역사회 표준(Community Standard)
- 국제 생태관광 표준(International Ecotourism Standard)
- 디자인과 건설 표준(Design & Construct Standard)

GREEN GLOBE 21은 전 세계 기업과 지역사회를 대상으로 대중관광에서부터 지속가능관광, 그리고 최근에는 생태관광까지 인증하는 프로그램이다. 인증의 대상이 되는 분야는 매우 다양하며, 관광의 전 분야를 포함하고 있는데, 총 28개 분야의 기업, 지역사회 등이 회원으로 가입하여 인증을 받고 있다.

숙박시설(accommodation), 생태관광 숙박시설(ecotourism accommo- dation), 공중삭도(aerial cableway), 전시홀(exhibition hall), 골프코스(golf course), 마리나(marina), 식당(restaurant), 리조트(resort), 트레일러/할러데이/케러반 주차장(trailer/holiday/caravan park), 운송수단(vehicle), 운송수단대여(vehicle hire), 방문자센터(visitor centre), 디자인과 건축물(design and construct), 항공사(airline), 여행사(tour company(wholesaler)), 패키지투어전문여행업자(tour operator), 철도(railway)공항(airport), 컨벤션센터(convention centre), 유람선(cruise vessel), 활동(activity), 경영(administration office), 지역사회(com- munity), 팜스테이(farmstay), 포도밭(vineyard), 매력물(attraction), 생태관광 매력물(ecotourism attraction), 포도주양조장(winery)

한편 숙박시설만을 두고 보았을 때, 인증을 위해 신청 가능한 숙박시설의 종류는 백패커(backpackers)로부터 호텔에 이르기까지 모든 유형이 다 포함된다. 숙박시설의 종류를 나열하면 다음과 같다: Backpackers(YMCA), B&B(Bed and Breakfast), Beach House, Cottages, Guest House, Homestead, Hostel, Hotel, Inn, Lodge(Mountain, Country), Motel, Motor Lodge, Resort, Villa.

■ GREEN GLOBE 21의 ABC

개요에서 전술한 바와 같이 GREEN GLOBE 21 프로그램은 총 3개의 수준으로 다시 나누어지는데, 가입/인식(Affiliate/Awareness), 벤치마킹(Benchmarking), 인증(Certification) 등이다. 가장 첫 단계인 가입을 통한 인식 증대 단계에서는 회원가입이 된 상태로, 그다음 단계인 벤치마킹과 인증 단계로 승급될 수 있도록 노력해야 하는 단계이다. 세 수준 모두 연간 보고서를 작성해서 제출해야 하는데, 이 보고서에 기초해 등급조정을 하게 된다. 이러한 절차는 지속적으로 환경친화적인 수행을 도모할 수 있도록 장려하는 장치가 되는 한편, GREEN GLOBE 21 로고의 오용을 방지할 수 있는 보완책이 되고 있다. 세 수준으로 구분하는 평가조건과 혜택은 다음의 표와 같다.

GREEN GLOVE 21 평가조건과 혜택

수준	기업 및 지역사회 평가조건	혜 택
가입인식	– Green Globe에 가입 – GREEN GLOBE 21 프로그램 학습 – GREEN GLOBE에 제출하기 위한 환경적, 사회적 지속가능성 정책 수립	– 다음에 대한 정보 획득 · GREEN GLOBE 21 절차 · 지속가능성 증진 · 비용 절감 · 녹색시장에서의 어필 향상 · 가입로고 획득 – 최신 연구 결과물, 상품안내물, 추천 출판물과 유익한 정보 확보 – GREEN GLOBE 21 웹사이트 목록에 등재됨 GREEN GLOBE AFFILIATE
벤치마킹	– 핵심 및 선택적 주요 수행 요소에 대한 지표 측정 – 측정결과와 환경적, 사회적 지속가능성 정책을 Green Globe에 제출 – 독립적인 측정결과에 대한 Earthcheck의 평가시행 – 연간 개선사항 결정 – 인증을 위한 사전 필요조건 제시	– 신뢰할 수 있는 벤치마킹 평가보고서 – 벤치마킹 인증서와 프로모션 자료집 – tick이 없는 GREEN GLOBE 21 마크 사용 – 웹사이트에서의 홍보 – 가입/인식 수준에서 받는 모든 편익 GREEN GLOBE BENCHMARKED
인증	– 관련된 GREEN GLOBE 21 기준 충족(성공적인 벤치마킹과 환경경영체제 운영 포함) – 인정받은 제3의 평가자에 의한 온라인 및 오프라인에서의 평가	– 신뢰할 수 있는 벤치마킹 평가 보고서 – 신뢰할 수 있는 평가자의 연간 보고서 – 인증서 및 프로모션 자료집 – 기준이 모두 충족되었다면 tick이 포함된 로고 사용 – 사례연구, 웹사이트 등을 통해 Green Globe의 우선적인 홍보 대상이 됨 GREEN GLOBE 21 CERTIFIED 2005 ACCOMMODATION

출처: GREEN GLOBE (2004). GREEN GLOBE 21 Essentials.
　　　 http://www.greenglobe21.com에서 발췌함

■ 인증표준

GREEN GLOBE 21은 기본적으로 과정에 기반을 둔 평가 시스템이다. 즉 ISO 14001 관리시스템을 이용해 평가하게 된다.

□ 기업 표준

기업이 인증을 받기 위해서는 아래의 5개 사항에 대한 평가를 받게 되는데, 과정 및 성과 모두 기준에 포함되어 있음을 볼 수 있다. 또 성과평가는 9개 사항에서 이루어진다.

---

1. 환경적, 사회적 지속가능성 정책
2. 효과적인 제도 틀 준수
3. 환경적, 사회적 지속가능성 성과 : 9개 주요 성과 평가 분야
   · 온실가스배출
   · 에너지 효율, 보전 및 관리 (예: 일일 에너지 소모량)
   · 담수자원의 관리 (예: 일일 식수소모량)
   · 생태계 보전 및 관리 (예: 총사용 종이 중 에코라벨 종이의 양)
   · 사회적 문화적 이슈 관리
   · 토지이용 계획수립 및 관리
   · 대기 질 보호 및 소음 통제
   · 폐수 관리 (예: 사용된 총세제 중 생물분해성 세제의 양)
   · 쓰레기 최소화, 재사용과 재활용
4. 환경경영체제(EMS)
5. 대중 및 고객과의 지속적인 협의와 의사소통

□ 지역사회/대상지 표준

지역사회 혹은 대상지가 인증을 받기 위해 충족시켜야 할 사항들은 크게 다음의 6개 분야로 구분할 수 있으며, 성과는 '온실

가스배출'을 포함한 12개 사항에서 평가된다.

---

1. 지역사회 책임기관(authority)
2. 효과적인 제도 틀 준수
3. 환경적, 사회적 지속가능성 정책
4. 환경적, 사회적 지속가능성 계획 시스템
5. 환경적, 사회적 지속가능성 성과 : 12개 주요 성과 평가 분야
    · 온실가스배출
    · 에너지 효율, 보전 및 관리
    · 담수자원의 관리
    · 생태계 보전 및 관리
    · 사회적, 문화적 관광영향 관리
    · 관광 토지 이용 계획 및 관리
    · 관광으로 인한 지역의 사회경제적 편익
    · 대기질 보호 및 소음통제
    · 폐수 관리
    · 쓰레기 최소화, 재사용과 재활용
    · 환경적으로 해로운 재료의 저장 및 이용
    · 문화유산 보전
6. 지역사회 협의 및 성과 보고

주: 지역사회 책임기관은 선거로 선출된 지방정부 기관이나 하나의 통합된 지역사회 단체
   가 될 수도 있음

□ 생태관광 표준
GREEN GLOBE 21 생태관광 표준은 바로 뒤에서 더욱 자세하게 다룬다.

■ 심사 및 인증부여

심사는 독립적인 제3기관에 의해 이루어진다. 평가자(심사자)는 반드시 일련의 과정에 대해 교육과 훈련을 받은 사람이어야 하는데, Green Globe 평가자 자격을 획득하기 위해 시험을 쳐서 통과해야 한다. 평가는 인증 신청자가 제출한 벤치마킹 자료와 Green Globe Standard의 달성 상황을 확인하는 과정으로 이루어진다. 평가는 매년 이루어진다.

인증부여는 Green Globe와 인정받은 Green Globe 인증기관에 의해 이루어진다.

2. GREEN GLOVE 21 International Ecotourism Standard

출처: http://www.greenglobe21.com

■ 개 요

GREEN GLOBE 21 국제 생태관광 표준(International Ecotourism Standard, IES)은 호주생태관광협회(EA)와 지속가능한 관광을 위한 협력연구센터(Cooperative Research Center, CRC)의 면허를 받은 상품이다. 즉 IES는 호주  생태관광협회의 NEAP에 기반을 두어 국제적으로 사용하기 위

하여 개발된 것이다. 2002년 몬트리올에서 개최된 세계생태관광
회의에서 GREEN GLOBE 21 IES의 초안이 선보여진 이후, 계
속해서 국제적 피드백에 의해 개선이 이루어졌다.

IES는 호주의 NEAP와 마찬가지로 개별 상품을 인증하되 어떤 한
기업 전체를 인증하지 않는다. 인증의 대상은 숙박시설과 여행상품,
그리고 매력물이며 각각의 정의는 다음과 같다.

• 숙박시설

방문객이 숙박할 수 있는 집으로 설계된 영구적 혹은 반영구적인 자연
재로 만들어진 모든 형태의 구조물이다. 별장, 리조트, 상용 캠프장
(standing camps), 야영장/카라반주차장 등이 포함된다. 숙박시설의 주
요 목표는 고객이 숙박시설 주위의 자연 지역과 상호 작용하도록 고무
하는 것이다. 별개의 구매상품인 여행상품은 숙박시설 상품과 분리되어
평가된다.

• 여행상품

자연환경을 감상하고 상호 작용할 목적으로 가이드와 함께 하는 여행에
포함된 모든 활동을 의미한다. 여행상품은 전형적으로 다이빙, 산책이나
승마 등의 활동을 포함한다. 하나의 여행상품은 1박 이상의 숙박시설을
포함해 제공될 수도 있는데, 이 경우 숙박시설은 여행상품과 별개로 취
급되어 여행상품 인증평가에 포함되지 않는다.

• 매력물

관광객이 자연을 체험하고 배울 수 있도록 설계된 기반시설들을 갖춘
자연 지역을 아우르는 시설을 뜻한다. 매력물의 전형적인 예는 야생동물
공원, 야생동물보호구역(생츄어리), 또는 해설센터 등이다.

144

■ Green Glove 21 생태관광 원칙

IES는 총 11개의 원칙에 기반을 두고 설계되었는데, 이 각각의 원칙은 다시 상세한 세부원칙으로 구분 제시되어 인증을 위한 기준이 된다.

1. 생태관광 운영자는 생태관광 원칙을 지지할 것임을 공식 서약하고 실제로 실행에 옮겨야 한다.
2. 생태관광은 직접적인 자연경험이 있어야 한다.
3. 생태관광은 자연과 문화를 더 이해하고 감상하며 즐길 수 있는 기회를 제공해야 한다.
4. 생태관광은 생태적 지속가능성과 잠재적 환경영향에 대한 이해를 바탕으로 운영되어야 한다.
5. 생태관광 상품은 해당 활동들이 환경에 해가 되지 않도록 환경적으로 지속가능한 형태로 운영되어야 한다.
6. 생태관광은 보전에 실질적으로 공헌해야 한다.
7. 생태관광은 지역사회에 지속적인 편익을 제공해야 한다.
8. 생태관광은 개발 및 운영 단계 모두에서 지역의 문화를 존중하고 문화에 민감해야 한다. 문화적 가치가 적절히 평가되고, 문화적 가치를 진정으로 느끼고 경험할 수 있도록 지역 주민과 협력해야 한다.
9. 생태관광 상품은 고객의 기대를 충족시키는 수준 그 이상이어야 한다.
10. 생태관광은 생태관광 상품에 대한 현실적인 기대를 갖도록 정확하고 책임 있는 정보를 제공해야 한다.
11. 생태관광 상품은 자연적, 사회적, 문화적 환경에 최소의 영향을 미치며, 생태관광 행동강령에 부합되도록 실행에 옮겨져야 한다.

■ 원칙별 세부기준

생태관광 인증을 받기 위해서는 11개 원칙 각각에 따르는 기준들을 충족시켜야 하는데, 각 원칙별 세부기준을 살펴보면 다음과 같다.

SECTION 1: 생태관광 정책, 수행, 규제 구조

1.1 생태관광 상품은 다음과 같은 생태관광 정책을 갖고 있어야
한다.

   a. 생태관광 상품에 의해 제공되는 활동과 서비스의 규모, 장
소, 특성, 범위에 적합한 정책

   b. 관련 환경 법률이나 규칙을 따를 수 있는 정책

   c. 직원훈련을 이해하는 정책

   d. 생태관광 원칙에 기반을 두고 적절한 목표를 수립함으로써
환경적, 사회적 수행을 계획하고 모니터링 하도록 하는 정책

   e. 뜻하지 않은 우발적인 사건에 대한 계획과 위험 관리 및 저
감을 포함해 건강 및 안전 문제를 다루는 정책

   f. 특정한 벤치마킹 정보의 수집을 공약하는 정책

   g. 매년 재평가되며, 고급 경영진에 의해 채택되며 활성화되
는 정책

   h. 방문하는 자연 지역과 문화 및 유산 지역을 보전하고 관
리하는 데 공헌할 것을 공약하는 정책

   i. 광역적이며 범지구적 차원에서의 보전을 공약하는 정책

   j. 이해관계자는 물론 대중에게 공개된 정책

   k. 지역사회와의 협의 및 의사소통을 공약하는 정책

   l. 지역사회에 대한 공헌을 공약하는 정책

1.2 생태관광 상품은 GREEN GLOBE 21 부문 벤치마킹(Sector Benchmarking)의 생태관광 지표를 기준으로 삼는다. 생태관광 상품의 운영자는 다음의 사항을 실행한다.

    a. 관련된 모든 GREEN GLOBE 21 부문 벤치마킹 지표들을 사용하여 주요 성과 부분에서의 생태관광 활동과 상품, 서비스 등의 영향 수준을 정기적으로 기록

    b. GREEN GLOBE 21 벤치마킹 평가를 받도록 주요 성과 부분에서의 환경적, 사회적 수행결과를 매년 비교

    c. GREEN GLOBE 21 벤치마킹 평가 보고서가 제시하는 바대로 주요 성과 부분에서 부정적 영향을 줄이고 긍정적인 영향을 증대시키면서, 실행할 수 있고 성취 가능하며 책임 있는 환경적 사회적 목표 수립

    d. 적어도 2년간의 벤치마킹 기록을 보유

    e. 벤치마킹 모범사례가 되도록 노력

1.3 생태관광 상품 운영자는 다음의 사항을 실행한다.

    a. 환경 관련 문서자료는 물론, 대중 및 직업상의 건강 및 안전, 위생 및 고용 법률과 규칙 그리고 기타 요구사항 등에 관한 문서자료 보존

    b. 관련 법률, 규칙, 기타 요구사항 준수를 공약

    c. 순응 기록 보존

    d. 순응이 이루어지지 않은 부분에 대해, 가능한 빨리 순응이 실행 가능하도록 개선 행동 기록

Section 2: 자연 지역 중심

2.1 생태관광 상품은 다음을 보여주어야 한다.

    a. 고객 활동 시간은 자연 지역 안에서 혹은 자연 지역에 초
       점이 맞추어져야 함

    b. 상품의 최우선 포커스는 자연의 가치를 보여주는 일

  우수 생태관광 상품은 자연 지역에 초점이 맞춰져 있음을 증
명할 수 있는 운영 기록이나 기타 기술된 고객 피드백 정보를
제시할 수 있어야 함

Section 3: 해설과 교육

3.1 생태관광 상품은 방문객이 자연 및 문화유산에 대해 더 많이
    배울 수 있도록 해설과 교육을 제공해야 한다.

3.2 생태관광 상품은 해설 활동을 위해 준비된 해설계획을 갖고
    있어야 하며 해설계획에는 다음의 내용이 포함되어야 한다.

    a. 교육적 결과물 또는 보전의 결과라는 점에서 목적과 목표
       (goals and objectives)

    b. 방문 지역의 자연적 문화적 사회적 가치를 전해주기 위한
       표적 청중과 관련 해설 주제

    c. 다양한 방문객 욕구에 부합하는 해설 수단

    d. 방문 지역 보전의 중요성, 문화적으로 민감한 지역에서 영
       향을 최소화하기 위한 적절한 방법과 적절한 행동 등을
       포함하고 있는 상세한 해설 내용

e. 참고자료 리스트와 해설 자원과 자료의 요약본

우수 생태관광 상품은 이상의 내용과 더불어 다음의 f와 g의 내용을 포함한 해설계획을 가지고 있어야 한다.

f. 관련된 혹은 지역적(regional) 매력물에 대한 주제 및 메시지와 연결되는 해설

g. 성과 벤치마크를 포함한 모니터링 및 평가 기법

3.3 생태관광 상품은 전 직원(고객서비스직원을 포함)이 다음의 사항을 인식하고 있음을 보여주어야 한다.

a. 해당 지역 및 사람들이 갖고 있는 자연적, 문화적, 전통적(heritage) 가치

b. 지역의 환경관리이슈

c. 생태관광 원칙과 생태관광 상품에서 해당 원칙들이 어떻게 실행에 옮겨지는지의 사항

d. 환경에 미치는 부정적 영향 최소화를 그들이 해야 하는 의무의 한 부분으로 생각하고 따름

e. 위급사항에 취해야 하는 조치

우수 생태관광 상품은 전 직원을 대상으로 시행하는 공식 훈련과정에 대한 기록과 이상의 사항들을 충족시킬 수 있는 매뉴얼을 제시할 수 있어야 한다.

3.4 생태관광 상품은 생태관광 가이드가 다음의 사항을 인식하고 있음을 보여주어야 한다.

   a. 해설과 의사소통

   b. 해당 지역의 환경 및 보전 관리 이슈

   c. 환경영향 최소화를 위한 주요 절차

   d. 모험 활동을 위한 전문가적 기술과 공식 자격증

우수 생태관광 상품은 생태관광 가이드가 이상의 내용을 충족시킬 수 있도록 훈련을 시행한 기록을 제시할 수 있어야 한다.

Section 4: 생태적으로 적합한 기반시설

4.1 새로운 생태관광 시설을 설계하고 건설하기 이전에 적어도 다음의 사항을 포함한 환경 평가가 수행되어야 한다.

   a. 제안된 활동의 환경적 측면 규명

   b. 해당 지역의 환경적 특성과 관리이슈 규명

   c. 잠재적 영향 규명

   d. 환경영향 저감을 위한 관리 대책

   e. 보전가치, 교란연혁(disturbance history), 지역사회와 문화적 중요성 등을 참조하여 단지 선택의 정당성 제시

4.2 건축 및 경관 계획은 생태관광 건물과 기반시설이 물리적, 문화적 경관과 조화를 이루도록 해야 한다.

4.3 새로운 시설을 짓기 위해서는 생태관광 상품이 적어도 다음의 내용 중 세 가지를 통해 최소의 환경영향을 유발함을 증명해야 한다.

    a. 건설 지역 및 굴착은 최소로 이루어지고 있음

    b. 접근로는 신중히 계획되고 건설되고 있음

    c. 건물자재는 지속가능하게 관리되고 재생 가능한 자원으로 만들어짐

    d. 지속가능한 건물자재는 가능한 한 해당 지역 내부에서 가져옴

    e. 재활용된 건물자재가 중요한 재료로 이용되고 있음

    f. 비소(arsenic)나 구리(copper)로 처리된 목재는 이용하지 않음

우수 생태관광 상품은 이상에 기술한 내용 중 적어도 세 가지를 언급하는 지속가능한 건설 정책(Sustainable construction policy)을 문서화하고 실행에 옮겨야 한다.

4.4 새로운 시설이나 단지교란 등의 다른 작업 후, 생태관광 상품은 자연유산 지역을 가능한 한 복구하기 위한 작업을 수행하여야만 한다. 또한 우수 생태관광 상품은 지속가능한 건설정책에 건설 이후 복구과정에 대한 계획이 포함되어 있어야 한다. GREEN GLOBE 21 디자인 및 건축 기준을 참조할 수 있다.

Section 5: 생태적으로 지속가능한 실행

5.1 생태관광 상품은 실행에 옮겨질 환경관리 계획을 갖고 있어야 하는데 이 계획은 다음의 사항들에 대해 기술한다.

    a. 쓰레기최소화

    b. 에너지효율

    c. 물 보전

　　d. 오·폐수처리

　　e. 다양성 보전

　　f. 대기의 질

　　g. 조명(어두운 밤하늘(a Dark Sky Policy)에 대한 요구 포함)

　　h. 소음(자연스러운 고요함 정책(a Natural Quiet Policy)에
　　　대한 요구 포함)

5.2 환경관리 계획은 다음의 사항을 포함한다.

　　a. 우선 행동(priority actions)

　　b. 벤치마킹에 대한 모니터링을 포함한 성과 모니터링

　　c. 직원 대상 환경 훈련

　　d. 생태적 지속성의 모범실행 측면을 유지하고 개선하기 위
　　　한 메커니즘

　　e. 환경친화적인 상품과 서비스를 목표로 하는 구매정책

　　f. 매해 환경관리 계획을 재평가하고 개선하기 위한 관리상
　　　의 종료 및 준비

5.3 생태관광 상품은 최소한 다음의 전략을 포함한 쓰레기 최소
　　화 접근법을 실행해야 한다.

　　a. 포장 및 일회용 상품 사용을 최소화하며 포장하지 않은
　　　상품 공급을 장려하는 구매 정책

　　b. 유리, 플라스틱, 종이 등 재료들의 재활용

　　c. 유기 폐기물은 퇴비로 만듦

5.4 생태관광 상품은 다음의 전략 중 적어도 한 개 이상을 실행에 옮김으로써 재생 불가능한 에너지원 이용을 최소화한다.
　　a. 재생에너지원의 사용과 에코라벨 공급자로부터 에너지 구입
　　b. 건설 기간 동안 에너지 효율이 높은 설계와 시스템으로 통합

5.5 생태관광 상품은 저 에너지 이용정책, 직원훈련, 상품구매전략 등을 포함한 에너지 효율 프로그램을 실행에 옮긴다.

5.6 생태관광 상품은 빗물탱크보다는 자연 원천에서 얻은 물을 이용하고, 물의 취득은 지속가능하며, 지역사회와 생태계에 필요한 물에 심각한 영향을 미치지 않음을 증명해야 한다.

5.7 운영자는 직원 및 고객과 의사소통이 이루어질 물 보전 전략을 실행해야 한다.

5.8 생태관광 상품은 폐수처리에 따른 환경적 영향을 최소로 함을 (문서로) 증명해야 한다. 테스트가 요구되는 분야에서는, 면허나 법적 요구사항을 충족시키는 배출량 증거자료를 제공해야 한다. 우수 생태관광 상품은 폐수처리의 지속가능성 문서를 제공해야 한다.

5.9 생태관광 상품은 폐수나 환경에 해독물이 들어가는 것을 방지하기 위해 적소에 관리시스템을 갖추어야 한다.

5.10 야생동물과의 상호 작용이 상품의 일부분인 곳에서는 생태
　　 관광 상품이 야생동물에 미치는 영향을 최소화하고 다음의
　　 고려사항을 포함한 접근법을 보여주어야 한다.
　　 a. 야생동물 먹이주기와 만지기
　　 b. 번식 장소와 계절
　　 c. 대중과 야생동물의 상호 작용
　　 d. 야생동물 이동
　　 e. 서식지에 대한 잠재적 영향
　　 f. 직원 훈련 및 절차
　우수 생태관광 상품은 야생동물에 대한 영향을 최소화하는 전략
을 준비하고 실행에 옮겨야 한다(행동강령의 한 부분이 될 수 있음).

5.11 생태관광 상품은 대기오염 물질의 방출을 최소화하기 위한
　　 접근법을 보여주어야 한다. 우수 생태관광 상품은 이를 문
　　 서로 증명해야 한다.

5.12 생태관광 상품은 인공조명 사용을 최소화하고 어두운 하늘
　　 정책에 대한 요구사항을 준수하고 있음을 보여주어야 한다.
　　 우수 생태관광 상품은 문서로 이를 증명해야 한다.

5.13 생태관광 상품은 비자연적인 소음을 최소화하는 접근법을
　　 보여주어야 하며, 자연적인 고요함 정책 요구사항을 실행에
　　 옮겨야 한다. 우수 생태관광 상품은 문서로 이를 증명하여

야 한다.

Section 6: 보전에 기여

6.1 생태관광 상품의 보전 기여도를 매년 증명해야 한다. 우수 생태관광 상품은 보전 상태에 대한 기여도를 문서로 제시해야 한다.

6.2 생태관광 상품은 판매되는 상품이 다음의 사항을 준수하도록 관리되어야 한다.

   a. 희귀하거나 멸종위기에 있는 종을 포함하지 않음
   b. 중요한 문화적, 전통적 보전 가치를 지닌 항목을 포함하지 않음
   c. 인증 받은 에코라벨 상품의 판촉 포함
   d. 지역 보호 및 희귀하거나 위협 받는 종과 유산 보호의 필요성에 대해 고객들에게 정보를 제공함

Section 7: 지역사회에 대한 생태관광 편익

7.1 생태관광 상품은 다음에 제시되는 방법들을 포함하고, 상품의 특성 및 범위와 일치되는 접근법을 가지고 있어야 한다.

   a. 지역 주민 고용
   b. 지역 생산품 구매
   c. 지역 서비스 구매
   d. 지역 생산 기념품과 수공예품 판매

　　e. 지역사회의 기반시설, 이벤트 및 활동에 대한 현금 또는
　　　실물 투자

　우수 생태관광 상품은 이상의 공약을 포함해 문서화된 지역사
회에 미치는 편익을 제시해야 함

Section 8: 문화 존중과 민감성

8.1 생태관광 상품은 다음의 사항을 증명해야 한다.

　　a. 지역사회와의 연결은 지역과 문화적(전통적) 친밀성을 가
　　　진 사람들을 포함해 이루어져야 함

　　b. 지역사회의 문화적 민감성을 고려해야 함

　　c. 문화적 프로토콜이 실행되어야 함

　　d. 문화적 의무가 존중되어야 함

　　e. 문화에 대한 정보와 해설은 정확해야 함

　우수 생태관광 상품은 이상의 공약을 포함해 문서화된 문화적 존
중과 민감성 성명서(Cultural Respect and Sensitivity Statement)
를 갖고 있어야 한다.

Section 9: 고객 만족

9.1 생태관광 상품은 고객의 피드백을 받도록 노력하고 행동해야
　　한다. 우수 생태관광 상품은 피드백이 연간 상품 재평가에
　　어떻게 이용되었는지를 보여주는 문서화된 증거를 제시해야
　　한다.

Section 10: 책임 있는 마케팅

10.1 생태관광 상품을 위해 마련된 마케팅 자료집은 상품의 특성에 부합되도록 다음의 사항들에 대한 정확하며 최신의 정보를 제공해야 한다.

　a. 지역 또는 단지의 자연 특성의 환경적 중요성

　b. 만약 존재한다면, 해당 지역의 공식 상태(예: 국립공원, 세계유산 지역 등)

　c. 이용가능한 주요 자연기반 생태관광 활동

　d. 제공되는 해설 서비스의 범위와 스타일

　e. 일반적인 활동 참여 여행 집단 내 사람들의 수

　f. 방문하는 환경 및 문화에 미치는 영향을 최소화하는 혹은 그에 적합한 행동을 보여주는 행동강령 또는 지침

　g. 생태관광의 주요 원칙 및 해당 상품이 이러한 원칙들을 어떻게 준수하는지, 또 생태관광 인증의 역할 및 편익 기술

10.2 생태관광 상품 마케팅 자료는 해당 상품을 통해 고객이 어떤 것을 경험하게 될지 혹은 보게 될지 등과 같은 현실적인 기대를 갖도록 해야 하며 적절한 경고사항 역시 제공해야 한다.

Section 11: 생태관광 상품 최소 영향 수행 강령

11.1 생태관광 상품은 최소 영향 수행강령을 개발 혹은 채택해야 하며, 그들 고유의 생태관광 상품 최소 영향 강령을 개발함

에 있어서 다음의 생태관광 행동강령을 고려해야 한다. 강
령은 다음과 같다.

a. 환경적 피해를 예방하거나 최소화할 수 있는 수단 포함

b. 생태관광 상품 활동으로 인한 사회적, 문화적 영향을 방
   지하기 위한 수단 포함

c. 생태관광 상품의 특성과 범위에 적절해야 함

d. 생태관광 상품에 의해 방문되는 자연적, 문화적 환경에 적
   합해야 함

e. 국제 생태관광 기준의 부칙에 포함된 행동강령 요소와 통합

f. 전 직원이 이용할 수 있도록 만들어져야 함

g. 고객에게 제공되는 해설/교육 정보에 통합되어야 함

우수 생태관광 상품은 이상의 사항은 물론 다음에 제시되는
강령 역시 포함해야 한다.

h. 타 생태관광 산업 종사자로부터 받은 재평가 정보와 통합

i. 보호 지역 관리자, 토지소유주, 정부의 보전기관, 그리고
   적용 가능하다면 비정부보전단체들로부터 적절한 추천(승
   인)을 받음

3. Blue Flag Campaign

출처: http://www.blueflag.org

■ 개 요

1987년 "유럽 환경의 해"를 맞이하여 유럽환경교육재단이 European Commission에 Blue Flag라는 개념을 제시하였으며, 해안 및 정박지(marina)의 환경 관리 및 보호를 목적을 가지고 유럽 전역을 대상으로 하였다. 인증을 시작한 1987년, 10개국 244개의 해안과 208개의 정박지가 Blue Flag에 의해 인증되었으며, 2002년 현재 유럽, 코스타리카와 라틴아메리카, 카리브 해 연안, 동남아시아, 남아프리카 등 총 23개국에서 2,800개 이상의 해변과 정박지가 Blue Flag 인증을 받았다.

■ 조직구성

덴마크에 위치한 비영리 NGO인 환경교육재단(FEE)에 의해 소유·관리되고 있다.

■ 인증기준

달성한 성과의 수준에 기초해 인증을 부여하며 현재 해변에 대한 27개의 특정 기준, 정박지에 대한 22개의 기준이 있다. 인증

기준에는 공통적으로 4개의 영역(수질, 환경교육과 정보, 환경관리, 안정 및 서비스)이 포함되어 있으며, 각 영역에 대해 세부 기준을 제시하고 있다.

Blue Flag의 정박지에 관한 세부기준은 2002년 기존의 16개에서 22개로 수정 및 개정되었으며, 이는 2004년 인증 신청 상품부터 적용되었다. 2004년부터 적용된 세부기준에 관한 내용은 다음과 같다.

Blue Flag의 유럽해변기준 세부항목

영역	세부 항목
수질	• EU 수영물 지침(EU Bathing Water Directive)과 같은 필수요건 및 기준에 적합해야 한다. • 해변에 영향을 줄 수 있는 하수 및 오물 문제가 없다. • 오염문제에 대처하기 위한 지역 수준의 계획이 있다. • 특정용도 지역을 제외하고는 어떤 동식물도 오염되지 말아야 한다. • 지역사회는 쓰레기 처리와 유출 하수의 질에 신경을 써야 한다.

환경
교육
과
정보
	• 해변 지역이 오염된 경우, 신속히 신고하여 긴급 상황으로 처리한다.
	• 자연에 민감한 해안 지역에 대한 정보를 관광정보에 포함시켜야 하며, 관광정보에는 해당 지역에서의 행동지침을 제시하도록 한다.
	• 해변 운영자는 다음과 같은 사항들을 실행한다.
	  − 사람들이 쉽게 이해할 수 있도록 표나 그림의 형태로 정보를 전달한다.
	  − 지역 및 국가 수준에서 책임을 지고, Blue Flag에 대한 정보를 최대한 정확
	    하게 전달한다.
	  − Blue Flag의 기준에 더 이상 적합하지 않다고 판단되면 인증을 취소한다.
	• 적어도 5개의 환경교육활동을 제공할 수 있어야 한다.
	• 해안 사용에 대한 정보는 요청이 있을 경우 쉽게 얻을 수 있어야 하며, 이 지역에서의 실행 규범을 알린다.
	• 해변 교육을 할 수 있는 환경교육장소를 가지고 있어야 한다.

환경
관리
	• 지역사회는 규정에 적합한 해변의 토지사용과 개발계획을 가지고 있어야 한다.
	• 적정수의 쓰레기통을 보유하고 있어야 하며, 쓰레기 처리는 면허가 있는 곳에서 한다.
	• 성수기에도 매일 해변을 청소한다.
	• 해변에서는 다음과 같은 행동은 금한다.
	  − 허가 없이 운전하는 행위
	  − 해변 자전거 및 자동차 경주
	  − 쓰레기의 무단 방출
	  − 허가 없이 캠핑하는 행위
	• 해변에는 안전하게 접근할 수 있어야 한다.
	• 사고를 방지하기 위한 관리가 있어야 한다.
	• 분리수거를 실시한다.
	• 해변의 지속가능한 사용을 위해 자전거, 도보, 대중교통과 같은 교통수단을 사용하도록 홍보한다.
	• EU 도시하수지침(EU Urban Waste Water Directive)과 관련한 지침에 따라 하수처리 시설을 갖춘다.

안전, 서비 스	• 해안 경비대는 안전규범을 숙지하고, 신속한 사고 처리를 위해 장비를 갖추어야 하며, 전문기관에서 훈련 및 인증 받은 사람을 고용한다. • 응급조치가 해변에서 이루어질 수 있어야 한다. • 가축의 접근은 어떤 상황에서도 통제되어야 한다. • 음주 상태에서의 수영은 철저하게 금지한다. • 통신수단에 쉽게 접근할 수 있도록 한다. • 장애인 편의시설을 갖추고 있어야 한다. • 해변에 있는 모든 건물과 장비는 적절하게 유지되어야 한다.

Blue Flag의 정박지 기준 세부항목

영 역	세부항목
수 질	• 깨끗한 물과 정박지를 보유하고 있다.
환경교육과 정보	• 민감한 지역에 대한 정보를 제공한다. • 환경실행 지침을 제시한다. • Blue Flag Campaign에 대한 정보를 제공한다. • 적어도 3개의 환경교육 활동이 있어야 한다. • 개인 Blue Flag도 정박지에서 제공된다.
환경 관리	• 정박지에 대한 환경적인 정책과 계획을 세운다. • 위험한 쓰레기는 적정 장소에 분리하여 처리한다. • 적정 수의 쓰레기통을 보유하고 있어야 하며, 쓰레기 처리는 면허가 있는 곳에서 한다. • 쓰레기 분리수거를 실시한다. • 배 바닥의 물을 퍼내기 위한 펌프 시설이 있다. • 화장실 펌프 시설이 있다. • 모든 건물과 장비는 국가 법규에 의해 적절하게 유지되어야 한다. • 사용하는 물에 대한 위생시설을 갖추고 있다. • 보트를 수리하고 청소할 수 있는 장소가 있다면, 오염되지 말아야 한다. • 지속가능한 교통수단을 홍보한다. • 허가가 없는 주차 및 운전은 허용되지 않는다.
안전, 서비스	• 긴급 상황에 대처하기 위한 장비를 갖추고 있어야 한다. • 오염, 화재 등과 같은 상황에 긴급대처하기 위한 계획이 있다. • 전기, 물을 이용할 수 있다. • 장애인을 위한 편의시설이 있다. • 시설물 위치도가 있다.

■ 평 가

Blue Flag의 인증을 신청하기 위해서는 국가 수준에서 이를 관리하기 위한 기관을 지정해야 한다. 이 기관은 비영리조직(NPO), 비정부기관(NGO), 독립단체 등이 가장 적절하며 특히 환경교육 및 보호와 관련한 일을 하고 있어야 한다. 국가에서 지정한 기관은 환경교육재단(FEE)의 회원으로 등록해야 한다.

Blue Flag Campaign 실행을 위해 환경교육재단(FEE)은 다음의 4단계의 절차를 제시하고 있다.

1단계. Blue Flag 워크숍 및 회의 개최

2단계. Blue Flag 국가 위원회 설립

3단계. Blue Flag 국가 및 지역별 실행가능성 연구 수행 단계

4단계. Blue Flag 예비평가 단계 (예비 지역 평가 및 결함 보충)

본격적인 인증 평가를 받기 위해서는 국가 심사원에 신청서를 제출해야 한다. 또 Blue Flag에서 제시한 해안 및 정박지에 관한 기준을 충족시켜야 한다.

■ 인증부여

유럽 Blue Flag 심사원(FEE에서 3명, EU에서 1명, UNEP에서 1명, EU for Coastal Conservation에서 1명)이 국가 심사원(연방 및 지방 정부 대표자, 비정부단체, 학계 해변 관리 전문가)의 추천을 통해 최종 결정을 내리게 된다. 인증이 부여된 지역은 1년의 유효기간 동안 성과 수준을 지속적으로 평가하는 한편, 이 지역을 방문하는 사람들에 의해서도 늘 모니터링 되며, Blue Flag의 기준에 부적절하다고 판단될 경우에는 언제든지 인증이 취소될 수 있다.

■ 로 고

인증된 해변 및 정박지는 가운데 원 안에 물결모양이 있는 푸
른색 깃발을 사용할 수 있으며 일년 후 재평가가 실시될 때까지
유효하다.

■ 비 용

평가, 현지답사 및 로고, 해당 단체와 소유주의 마케팅 홍보
지원을 위해서 각 국가별로 실행자에 의해 결정된다.

■ 홍 보

유럽 FEE, 국가 Blue Flag 조직, Blue Flag 단체나 소유주는
신문과 잡지, 전단지의 포스터, 문구를 통해 적극적인 홍보 캠페
인을 실시하였다. 한편 유럽을 찾는 관광객은 Blue Flag를 통해
인증된 해변에 대한 정보를 얻을 수 있다.

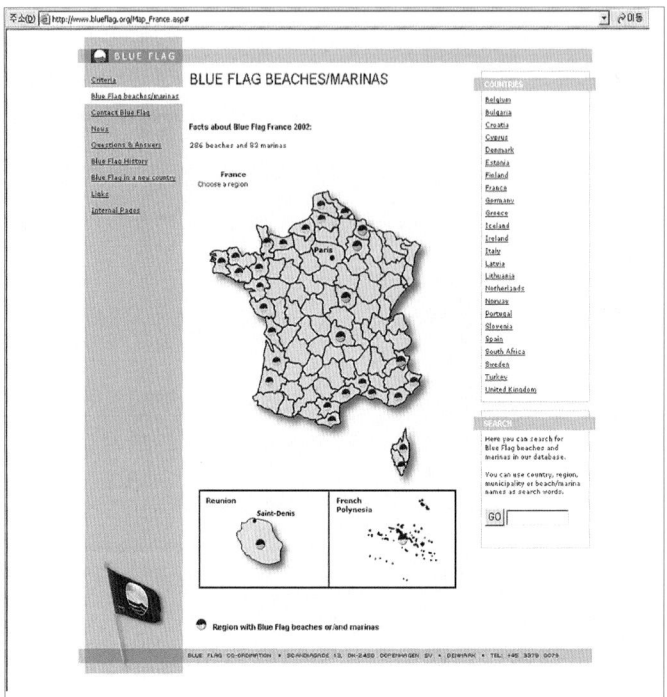

출처: http://www.blueflag.org/Map_France.asp#

Blue Flag 홈페이지를 통한 인증 정보

4. Horizons

출처: http://www.ecotourism.sk.ca

Honey and Rome (2001)

■ 개 요

Horizons는 캐나다 Saskatchewan 주의 생태관광인증제도이다. 이 제도는 생태관광과 지속가능관광을 인증하며, Saskatchewan 주에만 적용된다.

이 제도는 비영리기관인 Saskatchewan 생태관광협회(Ecotourism Society of Saskatchewan, ESS)에 의해 개발, 운영되는데 1999년 프로그램 개발이 이루어져, 2000년에 처음으로 인증을 부여하였다.

인증을 위한 기금은 신청자들로부터의 지원비와 인증비 그리고 정부의 지원으로 충당된다.

■ 인증 대상과 기준

인증대상은 숙박시설, 여행상품, 그리고 매력물의 세 부문이다. 인증은 성과에 기반을 둔 평가체계로 되어 있으며, 신청자로부터 두 개 양식으로 작성된 보고서를 프로그램 평가 팀의 검토를 거치고 다시 현장검사를 통해 인증 여부를 결정하게 된다.

인증을 위해 신청자가 제시해야 하는 두 가지 양식의 질문은
다음과 같다.

---

1) 신청: 다음의 사항에 "예" 혹은 "아니요"로 답하고 설명하시오.
- 경영 및 사업 실제 (administration and business practices)
- 자연 감상; 영향받는 문화의 진위성 및 협력
- 지역사회 경제적 편익
- 보전을 위한 실질적인 재투자
- 영향 모니터링과 품질 통제
- 지속가능한 관광 이슈
- 관광이 이루어지는 곳의 보호 상태
- 특별하거나 독특한 장소와 매력물
- 해설의 질
- 직원의 자격
- 지속가능한 숙박시설
- 활동에 기반을 둔 교통수단 체계
- 음식

2) 평가보고서: 다음 사항에 대해 기술
- 단지 목록화 및 평가: 위치, 토지이용, 보전상태, 미래개발계획, 구역화와 계획의
  제약사항, 직원 수와 패키징, 단지의 접근성, 주요 요구사항 준거
- 단지 목록: 조류, 식물 및 지형, 기타 야생동물
- 자연역사정보: 주요 야생동물 구역; 주요 식물, 동물, 서식지 및 지형; 자연 천이과
  정(예를 들어 식물과 동물의 상호 작용, 수순환 등), 고고학적 자원; 인간 활동
- 구역 민감성 평가: 주요 서식지; 서식지 민감도 지도
- 방문객 정보 계획: 이용자 규명; 이용자 수; 이용자의 기술과 관심도; 이용 동기;
  체류 기간; 방문빈도; 연령과 성별

■ 심사와 인증부여

인증을 위한 심사는 신청자가 신청서를 작성하기 전에, ESS

대표자가 일차 신청서 작성을 돕기 위해 현장에 파견되고, 신청
서류가 완성되면, 두 명의 ESS 이사진이 사업장을 재방문하여
현장 심사를 수행한다.

인증부여는 ESS 이사회에 의해 이루어진다. 이때 인증은 한
개 수준만으로 부여된다. 인증의 유효기간은 1년이다.

■ 마케팅과 홍보

인터넷 및 연 3회 발간되는 뉴스레터, 그리고 Sasskatchewan
관광 홍보물을 통해 마케팅과 홍보를 펼친다.

부록 2. 케언즈 방문객의 생태관광 및 친환경 관광 인증제도 인식 분석

설문조사방법	
조사시기	2004년 10월
조사장소	Cairns Shopping Center, Esplanade, Tjapukai Cultural Park
조사대상	케언즈 일대를 여행하는 호주 국내외 관광객 500명
조사도구	자기기입식 설문지
조 사 원	호주 James Cook 대학교에 재학 중이며, 설문조사와 관련된 일련의 훈련을 받은 학생들. 이들은 조사 기간 동안 1인의 조사감독원에 의해 지속적으로 감독을 받으며, 설문조사를 실시함.

1. 응답자의 일반적 특성

표본의 사회경제적 특성 1

변 수		빈 도	퍼센트
성 별	남	231	45.7
	여	274	54.3
연 령	10대	30	6.0
	20대	266	53.2
	30대	80	16.0
	40대	35	7.0
	50대	41	8.2
	60대	40	8.0
	70대 이상	8	1.6
학 력	중졸	11	2.4
	고졸	118	26.0
	전문대(TAFE/Junior College)	33	7.3
	대졸	253	55.8
	기 타	38	8.4

표본의 사회경제적 특성 2

변 수		빈 도	퍼센트
소 득 (호주달러)	2만 달러 이하	37	14.0
	2만~4만 달러 미만	40	15.1
	4만~6만 달러 미만	50	18.9
	6만~8만 달러 미만	44	16.6
	8만~10만 달러 미만	25	9.4
	10만~12만 달러 미만	20	7.5
	12만~14만 달러 미만	14	5.3
	14만~16만 달러 미만	12	4.5
	16만 달러 이상	23	8.7
직 업	무직	9	1.9
	주부	8	1.7
	퇴임	32	6.6
	학생	114	23.7
	전문직	137	28.4
	관리자	23	4.8
	무역	32	6.6
	농업	2	0.4
	자영업/사업	11	2.3
	소매업	14	2.9
	회사원/공무원	28	5.8
	서비스업	8	1.7
	기타	64	13.3
국 적	호주	104	20.6
	그 외 국가	402	79.4

표본의 상세 국적

국가명	빈 도	퍼센트(%)
미국	25	6.4
캐나다	12	3.1
영국	142	36.4
아일랜드	4	1.0
독일	67	17.2
네덜란드	17	4.4
기타 유럽국가	67	17.2
일본	28	7.2
중국	7	1.8
기타 아시아국가	5	1.3
뉴질랜드	6	1.5
기타	10	2.6

표본의 여행 특성

		빈 도	퍼센트(%)
과거 방문경험	0회	393	78.4
	1회	50	10.0
	2회	23	4.6
	3회 이상	35	7.0
체류(계획)일수	1 주	204	41.0
	2 주	135	27.2
	3 주	38	7.7
	1 개월 (31일)	47	9.4
	2 개월 (60일)	34	6.9
	2 개월 초과 (62일~445일)	39	7.8
여행계획 수립 기간	여행 1~4주 전	152	29.9
	여행 5~8주 전	107	21.0
	여행 9~12주 전	52	10.2
	여행 13~16주 전	17	3.3
	여행 17~20주 전	34	6.7
	여행 21~24주 전	25	4.9
	여행 25~28주 전	21	4.1
	여행 29~32주 전	17	3.3
	여행 33~52주 전	58	11.7
	1년 이상 전부터(70~270주)	11	2.2
동반유형	혼자	111	21.9
	배우자/파트너	178	35.0
	가족	34	6.7
	친구	149	29.3
	가족 및 친구	15	3.0
	기타	21	4.1

2. 생태관광 인지도와 수요

퀸즐랜드 주는 인증 받은 여행상품, 숙박시설, 매력지 등이 호
주 전체 인증대상 중 40% 이상을 차지한다. 케언즈를 비롯한 그
주변 지역에서도 인증 받은 곳들과 여행상품들이 많다. 이에 이
곳을 방문하는 관광객들이 생태관광에 대해 얼마나 인식하고 있
는지를 조사하였다.

먼저 생태관광이라는 용어에 대해서 이전에 들어본 경험이 있
는지를 조사하였다. 분석 결과 들어본 경우가 74.1%로 상당히 높
게 나타나 우리나라 국민의 인식[16]에 비해 생태관광에 대한 인
식이 높음을 알 수 있다.

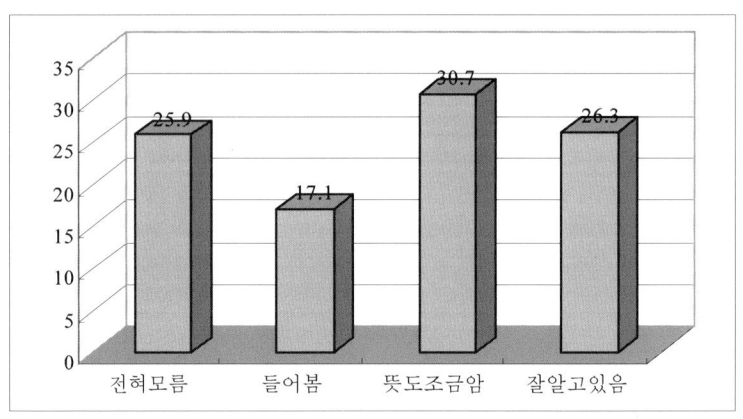

케언즈 관광객의 생태관광 인지도

---

16) 2004년 1월에 전국 5대 도시민 1,000명에 대한 개별면접조사결과(그린
리서치 컨텐츠연구소, 미발표자료)에 의하면, 응답자의 55%가 생태관
광에 대해 들어 보았거나 알고 있는 것으로 나타났다.

생태관광에 대해 모르는 응답자를 위해 생태관광에 대해 설명
한 후, 과거 2년간(2003년과 2004년) 생태관광을 경험한 적이 있
는지와 경험하였다면 몇 번의 경험이 있는지를 조사하였다. 분석
결과 과거 2년간 생태관광 경험이 전혀 없는 경우가 62.6%로 과
반수를 차지하여, 인지도에 비해 상대적으로 낮은 경험률을 보였
다. 그러나 우리나라 전 국민 조사결과[17]와 비교할 때는 생태관
광 경험률이 상대적으로 높은데, 이는 생태관광에 대해 알고 있
거나 과거에 경험이 많을수록 이와 유사한 경험이 가능한 관광
지를 방문한다고 주장할 수 있는 근거가 될 수 있다.

생태관광에 참여한 경험이 있는 관광객의 경우, 1~2회 참여가
50%로 과반수를 차지하였다. 그러나 20, 30회 참여를 비롯해 무
수히 많다고 응답한 관광객 역시 9.8%로 나타났다.

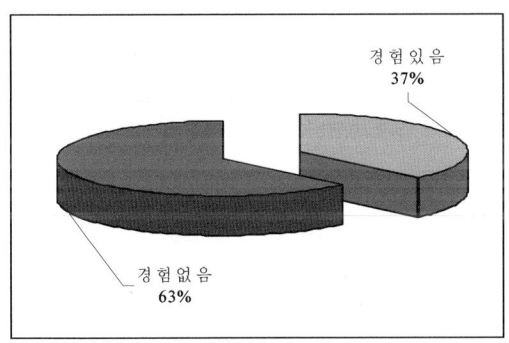

경 험 있 음
37%

경 험 없 음
63%

2003~2004년 생태관광 경험 여부

---

17) 2004년 1월에 전국 5대 도시민 1,000명에 대한 개별면접조사결과(그린
리서치 컨텐츠연구소, 미발표자료)에 의하면, 응답자의 1.5%만이 생태
관광에 참여한 경험이 있으며, 참여횟수는 1회에서 3회까지에 불과하
였다.

2OO3~2OO4년 생태관광 참여횟수

참여횟수	빈 도	퍼센트(%)
1	24	26.1
2	22	23.9
3	12	13.0
4	6	6.6
5	9	9.8
6회 이상	19	20.8

　응답자들이 향후 2년 이내에 생태관광에 참여할 의사를 조사하였다. 분석 결과 53%가 참여의사를 가지고 있는 것으로 나타났다. 2004년 1월에 전국 5대 도시에 거주하는 우리나라 국민 1,000명을 대상으로 조사한 결과에 의하면, 우리나라 도시민의 향후 2년 내 생태관광 참여의사는 35%에 불과하였으며, 갈지 말지를 결정하지 못한 중립의사가 34%로 나타났다. 이렇게 볼 때, 호주 케언즈 일대 관광객의 생태관광 참여의사는 상대적으로 높은 수준이라 할 수 있다.

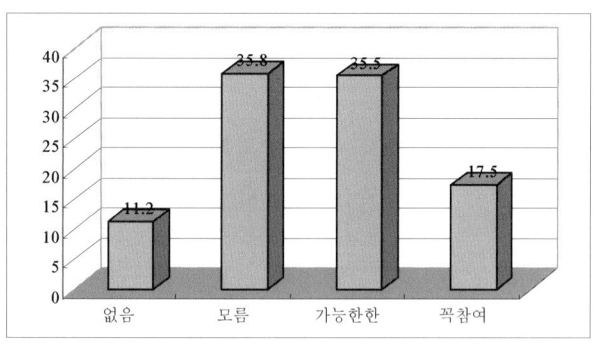

케언즈 관광객의 향후 2년 내 생태관광 참여의도

3. 생태관광인증제도에 대한 인식

응답자의 과반수가 생태관광에 대해 알고 있고, 또 2년 이내에 생태관광에 참여할 의사를 가지고 있는 상태에서, 생태관광인증제도에 대해서는 얼마나 인식하고 있는지 또 인증제도가 여행선택에 얼마나 영향을 미치는지를 조사하였다.

조사 시 인증제도를 NEAP에 한정하지 않고 관련된 인증제도 역시 함께 질문하였다. 예컨대 Green Globe는 지속가능한 관광실행의 대표적인 인증프로그램 중 하나로 전 세계적으로 채택되고 있다. 현재 Green Globe와 NEAP는 범세계적인 생태관광 인증기준의 수립을 위해 협력하고 있다.

먼저 인증제도에 대해 간략히 설명하고 케언즈를 비롯한 주변지역에서 사용되고 있는 NEAP와 Green Globe 또 기타 관련된 인증마크를 얼마나 인식하고 있는지를 조사하였다. 분석 결과 92%가 인증제도에 대해 알고 있지 못한 것으로 나타났으며, 알고 있는 경우에는 Green Globe에 대한 인지도가 가장 높았다.

케언즈 관광객의 인증제도 인지도

인지 여부		빈 도	퍼센트(%)
아니요		229	92.0
예	NEAP	2	0.8
	Green Globe	12	4.8
	기 타	6	2.4

인증제도에 대해 인식하고 있는 응답자만을 대상으로, 이번 여행 중에 인증을 받은 숙박시설이나 여행상품 등을 이용한 경우가 있는지를 조사하였다. 분석 결과 오직 1명의 응답자만이 인증된 여행 상품에 참여한 것으로 나타나, 실제 인증에 따른 상품 구매가 약함을 알 수 있다.

하지만 만약 인증제도에 대해 알고 있었다면, 얼마나 인증상품(혹은 숙박지와 방문대상지)을 선택했을 것인가에 대한 11점 라이커트 척도로 제시된 질문에 대해서는 18.7%가 부정적인 응답을, 54.9%는 긍정적인 응답을 하여, 향후 인증된 상품에 대한 구매가 더 증가될 것으로 기대할 수 있다.

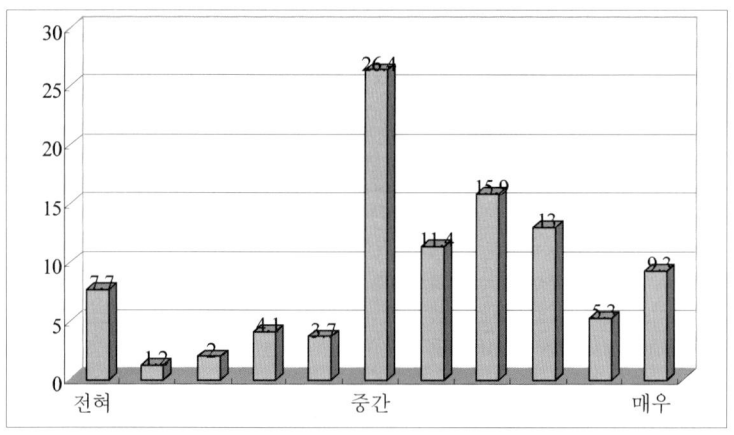

여행선택 시 인증제도의 영향력

· 저자 ·

강미희
(姜美姬)

· 약 력 ·

서울대학교 대학원 농학 박사
Post-doctoral Fellow, School of Business, James Cook University, Australia
한양대학교 BK21 Post-doc
UNESCO 2000 Young Scientists Awards 수상
현) (주)그린리서치 소장

· 주요 논저 ·

「Exploring Cross-cultural Differences in Attitudes Towards Responsible
Tourist Behaviour: A Comparison of Korean, British and Australian
Tourists」
「대중관광객과의 비교를 통한 생태관광객의 차별적 특성 규명: 여행 동기
및 태도를 중심으로」
「WTO의 지속가능관광 지표를 적용한 설악산국립공원 관리의 모니터링」
『생태관광: 생태적으로 민감한 지역의 대안적 개발과 관리를 위한
가이드북』(공저)
『지속가능한 관광』(공저)
외 다수

생태관광인증제도
: 생태계 · 지역사회 · 관광사업자 모두를 위한 지속가능한 발전전략

· 초판 인쇄 2007년 2월 28일
· 초판 발행 2007년 2월 28일

· 지 은 이 강미희
· 펴 낸 이 채종준
· 펴 낸 곳 한국학술정보㈜
경기도 파주시 교하읍 문발리 526-2
파주출판문화정보산업단지
전화 031) 908-3181(대표) · 팩스 031) 908-3189
홈페이지 http://www.kstudy.com
e-mail(출판사업부) publish@kstudy.com
· 등   록 제일산-115호(2000. 6. 19)
· 가   격 21,000원

ISBN 978-89-534-6440-7 93480 (Paper Book)
       978-89-534-6441-4 98480 (e-Book)